内蒙古外来入侵物种防控系列丛书

XILINGUOLEMENG WAILAI RUQIN WUZHONG TUJIAN

锡林郭勒盟外来入侵物种图鉴

罗 磊　李万春　额尔登图　胡玉敏　主编

中国农业科学技术出版社

图书在版编目（CIP）数据

锡林郭勒盟外来入侵物种图鉴 / 罗磊等主编. --
北京：中国农业科学技术出版社，2024.12. -- ISBN
978-7-5116-7177-6

I . Q16-64

中国国家版本馆CIP数据核字第2024HB8033号

责任编辑　王惟萍
责任校对　王　彦
责任印制　姜义伟　王思文

出 版 者	中国农业科学技术出版社
	北京市中关村南大街12号　　邮编：100081
电　　话	（010）82106643（编辑室）　　（010）82106624（发行部）
	（010）82109709（读者服务部）
网　　址	https://castp.caas.cn
经 销 者	各地新华书店
印 刷 者	北京科信印刷有限公司
开　　本	185 mm × 260 mm　1/16
印　　张	13.5
字　　数	312千字
版　　次	2024年12月第1版　2024年12月第1次印刷
定　　价	128.00元

━━◆◆◆ 版权所有·侵权必究 ◆◆◆━━

编委会

主　　任　额尔登图

主　　编　罗　磊　　　李万春　　　额尔登图　　　胡玉敏

副 主 编　陈跃茹　　　陈绍恒　　　石岩生　　　王晓玲　　　苏日古嘎

参编人员　（按姓氏笔画排序）

马　刚	马晓远	王　燕	王秀琴	王峰山
王静娟	孔富强	田景生	史凌君	付长江
包月梅	冯志远	邢海军	吉日嘎拉	毕力格巴雅尔
朱文新	乔宏伟	任　强	任树森	刘世龙
刘兴伟	刘保伟	安正中	许　赫	许聪颖
那仁其木格	孙巧英	孙亚梅	孙志东	孙星星
苏布达	苏龙高娃	李　成	李　延	李　呈
李若婕	李凯云	李祎然	杨雨龙	吴海华
宋　捷	张　河	张宏武	张洪敏	阿拉木斯
阿拉腾巴根	阿拉腾希胡日	阿苏如	青格勒	苗　馨
苗瑞泉	林国东	呼格吉勒图	金　国	金桂兰
孟克格日乐	孟春亮	赵　伟	赵鹏程	赵静漪
胡　钦	查　娜	哈斯苏和	秦晓萍	格日乐其木格
徐　柳	徐永乐	颂　柏	唐继成	萨日娜
萨仁格日乐	萨其拉图	曹若华	崔志军	梁吉日嘎胡
董瑞利	韩忠海	朝格吉乐	路　荻	新珠拉
蔡茂林	蔡景林	雒树青	樊瑞霞	

摄影图片　
傅建伟	张润志	李万春	罗　磊	苏日古嘎
邢海军	王　燕	张　河	阿拉木斯	孔富强
任　强	李若婕			

前 言
PREFACE

由人类活动引入新地区的物种被称为外来物种为广义概念，目前，专门指代在中华人民共和国境内无天然分布的物种，而其中的小部分会成为外来入侵物种，这一小部分是"在新地区建立种群并传播开来，并对当地生物多样性、生态系统和物种生存产生负面影响的物种"。外来入侵物种是生物多样性丧失的五大驱动因素之一，给粮食生产、生物和生态安全，以及人类健康带来严重危害。我国是世界上受外来入侵物种影响最为严重的国家之一。然而在我国，外来入侵物种似乎并不是一个十分热门的话题，究其原因，我国对外来入侵物种的研究和认识起步较晚，知识普及工作也相对滞后。幸运的是，近年来，在相关研究与防控治理工作不断推进的同时，各类科普活动也不断展开，线上和线下专题科普讲座、研究机构开放日活动、外来入侵鱼类垂钓比赛等丰富多彩的活动形式，正在让更多的群体，尤其是青少年儿童，了解外来入侵物种，并营造出全社会共同参与防控的良好氛围。我国正在进行首次全国性外来入侵物种普查，这次普查由农业农村部牵头，与其他六部委合作进行，历时3年时间，旨在查明我国外来入侵物种的总量、分布和危害程度等，并对重点外来入侵物种的防控方法进行深入调研。

锡林郭勒盟地处我国正北方，因其特殊的地理区位、多样的生态系统以及生态环境的脆弱性，极易受到外来物种的入侵和扩散危害。入侵物种多来源于欧美等国家，具有入侵途径多元化、入侵频次增多、传入方式复杂、危害大等特点。国家开展外来入侵生物普查，进一步摸清外来入侵生物底数和分布，为下一步防控提供科学依据。针对锡林郭勒盟现阶段外来入侵物种普查中外来入侵生物种类不清的现状，根据普查结果，筛选出锡林郭勒盟存在的外来入侵生物种类70种、可能或极易传入的生物种类11种，为普查和科研人员提供参考。本书编写过程中受到了内蒙古自治区农牧业生态与资源保护中心、中国农业科学院草原研究所、北京市植物保护站李金萍博士的大力支持和指导。由于调查研究积累和研究水平有限，书中难免有遗漏和不足，望广大读者批评指正。

编　者

2024年6月

目录

第一篇　外来入侵植物　1

三裂叶豚草　*Ambrosia trifida* L.　3

野莴苣　*Lactuca serriola* L.　6

小蓬草　*Erigeron canadensis* L.　9

北美苍耳　*Xanthium chinense* Mill.　12

意大利苍耳　*Xanthium strumarium* subsp. *italicum*（Moretti）D. Löve　15

婆婆针　*Bidens bipinnata* L.　18

屋根草　*Crepis tectorum* L.　20

续断菊　*Sonchus asper*（L.）Hill　22

粗毛牛膝菊　*Galinsoga quadriradiata* Ruiz & Pavon　24

牛膝菊　*Galinsoga parviflora* Cav.　26

药用蒲公英　*Taraxacum officinale* F. H. Wigg.　28

欧洲千里光　*Senecio vulgaris* L.　30

秋英　*Cosmos bipinnatus* Cav.　33

天人菊　*Gaillardia pulchella* Foug.　35

万寿菊　*Tagetes erecta* L.　37

黄花刺茄　*Solanum rostratum* Dunal　39

羽裂叶龙葵　*Solanum triflorum* Nutt.　42

曼陀罗　*Datura stramonium* L.　45

芒颖大麦草　*Hordeum jubatum* L.　47

黑麦草	*Lolium perenne* L.	50

黑麦草　*Lolium perenne* L.　50

长刺蒺藜草　*Cenchrus longispinus*（Hack.）Fernald　51

野燕麦　*Avena fatua* L.　55

五叶地锦　*Parthenocissus quinquefolia*（L.）Planch.　57

白花草木樨　*Melilotus albus* Desr.　60

黄香草木樨　*Melilotus officinalis* Pall.　62

白车轴草　*Trifolium repens* L.　63

红车轴草　*Trifolium pratense* L.　65

苜蓿　*Medicago sativa* L.　67

大麻　*Cannabis sativa* L.　69

蓖麻　*Ricinus communis* L.　72

斑地锦草　*Euphorbia maculata* L.　74

月见草　*Oenothera biennis* L.　77

野西瓜苗　*Hibiscus trionum* L.　79

苘麻　*Abutilon theophrasti* Medikus　83

绿独行菜　*Lepidium campestre*（L.）R. Br ex W. T. Aiton　86

密花独行菜　*Lepidium densiflorum* Schrad.　88

凹头苋　*Amaranthus blitum* L.　91

白苋　*Amaranthus albus* L.　94

北美苋　*Amaranthus blitoides* S. Watson　96

反枝苋　*Amaranthus retroflexus* L.　99

老鸦谷　*Amaranthus cruentus* L.　101

皱果苋　*Amaranthus viridis* L.　103

杂配藜　*Chenopodiastrum hybridum*（L.）S. Fuentes, Uotila & Borsch　105

杖藜　*Chenopodium giganteum* D. Don　108

麦蓝菜　*Gypsophila vaccaria* Sm.　109

无瓣繁缕　*Stellaria pallida*（Dumort.）Crép.　110

麦仙翁　*Agrostemma githago* L.　114

长春花	*Catharanthus roseus*（L.）G. Don	116
紫茉莉	*Mirabilis jalapa* L.	118
牵牛	*Ipomoea nil*（L.）Roth	120
圆叶牵牛	*Ipomoea purpurea*（L.）Roth	122
原野菟丝子	*Cuscuta campestris* Yunck.	125
阿拉伯婆婆纳	*Veronica persica* Poir.	128
婆婆纳	*Veronica polita* Fries	130
凤仙花	*Impatiens balsamina* L.	133
火炬树	*Rhus typhina* L.	134

第二篇　外来入侵病害与害虫　137

番茄黄化曲叶病毒病	*Tomato yellow leaf curl virus*，TYLCV	139
马铃薯环腐病	Potato ring rot	141
马铃薯晚疫病	Potato late blight	143
番茄潜叶蛾	*Tuta absoluta*（Meyrick）	146
温室白粉虱	*Trialeurodes vaporariorum* Westwood	149
烟粉虱	*Bemisia tabaci* Gennadius	152
美洲斑潜蝇	*Liriomyza sativae* Blanchard	155
二斑叶螨	*Tetranychus urticae* Koch	159
西花蓟马	*Frankliniella occidentalis*（Pergande）	162
南美斑潜蝇	*Liriomyza huidobrensis* Blanchard	164

第三篇　外来入侵水生动物　167

豹纹脂身鲇	*Pterygoplichthys pardalis* Castelnau	169
鳄雀鳝	*Atractosteus spatula* Lacépède	171
红耳彩龟	*Trachemys scripta elegans*（Wied）	174

尼罗罗非鱼 *Oreochromis niloticus* L. ········· 176

第四篇　极易发生的病虫害 ········· **179**

桃缩叶病　Peach leaf curl ········· 181

小麦腥黑穗病　Stinking smut of wheat ········· 183

番茄细菌性叶斑病　Tomato bacterial leaf spot ········· 184

辣椒细菌性叶斑病　Pepper bacterial leaf spot ········· 187

番茄细菌性溃疡病　Bacterial canker and wilt of tomato ········· 188

马铃薯纺锤块茎类病毒病　Potato spindle tuber viroid ········· 191

剪股颖粒线虫　*Anguina agrostis*（Steinbuch，1799）Filipjev ········· 192

苹果蠹蛾　*Cydia pomonella* L. ········· 194

草地贪夜蛾　*Spodoptera frugiperda*（J. E. Smith） ········· 198

桃条麦蛾　*Anarsia lineatella* Zeller ········· 201

美国白蛾　*Hyphantria cunea* Drury ········· 202

第一篇
外来入侵植物

锡林郭勒盟外来入侵物种图鉴

三裂叶豚草

Ambrosia trifida L.

菊科　豚草属

三裂叶豚草为一年生粗壮草本植物，高50～120 cm，有时可达170 cm，有分枝，被短糙毛，有时近无毛。叶对生，有时互生，具叶柄，下部叶3～5裂，上部叶3裂或有时不裂，裂片卵状披针形或披针形，顶端急尖或渐尖，边缘有锐锯齿，有三基出脉，粗糙，上面深绿色，背面灰绿色，两面被短糙伏毛。叶柄长2～3.5 cm，被短糙毛，基部膨大，边缘有窄翅，被长缘毛。雄头状花序多数，圆形，径约5 mm，有长2～3 mm的细花序梗，下垂，在枝端密集成总状花序。总苞浅碟形，绿色；总苞片结合，外面有3肋，边缘有圆齿，被疏短糙毛。花托无托片，具白色长柔毛，每个头状花序有20～25不育的小花；小花黄色，长1～2 mm，花冠钟形，上端5裂，外面有5紫色条纹。花药离生，卵圆形；花柱不分裂，顶端膨大成画笔状。雌头状花序在雄头状花序下面上部的叶状苞叶的腋部聚作团伞状，具一个无被能育的雌花。总苞倒卵形，长6～8 mm，宽4～5 mm，顶端具圆锥状短嘴，嘴部以下有5～7肋，每肋顶端有瘤或尖刺，无毛，花柱2深裂，丝状，上伸出总苞的嘴部之外。瘦果倒卵形，无毛，藏于坚硬的总苞中。花期8月，果期9—10月。三裂叶豚草的花序及花器结构与豚草相似，但雄花序粗大，雄花序的总苞比豚草大，直径可达4～7 mm，由6～7个扇形总苞片联合而成，背面有5～6条黑褐色放射线，总苞比豚草总苞浅，呈浅盘状，手触摸时会染上红色。总苞内花的数目也多，通常为20～30朵，雄花结构与豚草相同。雌花序也生于雄花序轴基部的叶腋内，每对叶腋有15～20个花序聚成轮状，也有少数单生的。其结构与豚草相同，但要大一些。

三裂叶豚草原产北美东部，现遍布于美国及加拿大南部，后入侵南美洲、欧洲、亚洲、非洲和澳大利亚。我国大部分省区都有分布，最早的文献记载是1959年的《东北植物检索表》（刘慎谔）中定名为"豚草"，后1975年版《中国高等植物志》第四册中改名为"三裂叶豚草"。内蒙古兴安盟、通辽市、赤峰市、锡林郭勒盟等地区有分布，锡林郭勒盟多伦县、苏尼特左旗、东乌珠穆沁旗有发现，入侵扩散趋势明显，需要各地重点关注。

三裂叶豚草幼苗

三裂叶豚草未开花前和初花期

三裂叶豚草叶片（5分裂）

三裂叶豚草叶片（3分裂）

三裂叶豚草顶端花序

三裂叶豚草植株高大，入侵农田可与农作物争夺水分、光照和养分，还具有化感作用，严重危害生物多样性。同时其花粉产生量巨大，与豚草花粉相同，是重要的过敏原，已经列入《中华人民共和国进境植物检疫性有害生物名录》、《中国第二批外来入侵物种名单》和最新公布的《重点外来入侵物种管理名录》。

三裂叶豚草开花期　　　　　　　　三裂叶豚草大片生长

野莴苣 》 *Lactuca serriola* L.

菊科　莴苣属

野莴苣为一年生草本植物，高50~80 cm。茎单生，直立，无毛或有时有白色茎刺，上部圆锥状花序分枝或自基部分枝。中下部茎叶倒披针或长椭圆形，长3~7.5 cm，宽

1～4.5 cm，倒向羽状或羽状浅裂、半裂或深裂，有时茎叶不裂，宽线形，无柄，基部箭头状抱茎，顶裂片与侧裂片等大，三角状卵形或菱形，或侧裂片集中在叶的下部或基部而顶裂片较长，宽线形，侧裂片3～6对，镰刀形、三角状镰刀形或卵状镰刀形，最下部茎叶及接圆锥花序下部的叶与中下部茎叶同形或披针形、线状披针形或线形，全部叶或裂片边缘有细齿或刺齿或细刺或全缘，下面沿中脉有刺毛，刺毛黄色。头状花序多数，在茎枝顶端排成圆锥状花序。总苞果期卵球形，长1.2 cm，宽约6 mm；总苞片约5层，外层及最外层小，长1～2 mm，宽1 mm或不足1 mm，中内层披针形，长7～12 mm，宽至2 mm，全部总苞片顶端急尖，外面无毛。舌状小花15～25枚，黄色。瘦果倒披针形，长3.5 mm，宽1.3 mm，压扁，浅褐色，上部有稀疏的上指的短糙毛，每面有8～10条高起的细肋，顶端急尖成细丝状的喙，喙长5 mm。冠毛白色，微锯齿状，长6 mm。花果期6—8月。

莴苣属在全世界约有75种，主要分布在北美洲、欧洲、中亚、西亚及地中海地区。我国外来引入2种，其中一种为莴苣（即生菜），为蔬菜作物，另一种为野莴苣。野莴苣原产地中海地区，现世界各地都有分布，其全株有毒，混杂于蔬菜中极易引起人畜中毒，同时繁殖力很强，一旦侵入农业生态系统，可危害牧场、果园以及耕地上的栽培植物，抢食农作物养分，降低农作物的产量和质量，对农业生产和经济发展产生不良影响，已被列入《重点管理外来入侵物种名录》。

野莴苣幼苗

翅果菊幼苗

野莴苣目前在我国大部分省区都有分布，锡林郭勒盟大部分地区也有分布，但种群密度较小，多见于城市绿化、庭院草坪、街道路边、蔬菜大棚周边等区域，野外比较少见，还未见明显危害。野莴苣还有毒莴苣、刺莴苣、欧洲山莴苣等名称，与本地种翅果菊相似度较高，主要区别在于，野莴苣叶片表面有明显的蜡质层，背面叶脉有明显硬刺；翅果菊叶片羽状分裂更大，表面蜡质层不明显，背面叶脉小刺较柔软稀疏。

野莴苣幼株

翅果菊幼株　　　　　　　野莴苣茎、叶

翅果菊茎、叶

野莴苣花序

较大植株野莴苣花序（拍摄地点：山东）

小蓬草

Erigeron canadensis L.

菊科　白酒草属

小蓬草为一年生草本植物，根纺锤状，具纤维状根。茎直立，高50～100 cm或更高，圆柱状，多少具棱，有条纹，被疏长硬毛，上部多分枝。叶密集，基部叶花期常枯萎，下部叶倒披针形，长6～10 cm，宽1～1.5 cm，顶端尖或渐尖，基部渐狭成柄，边缘具疏锯齿或全缘，中部和上部叶较小，线状披针形或线形，近无柄或无柄，全缘或少有具1～2个齿，两面或仅上面被疏短毛边缘常被上弯的硬缘毛。头状花序多数，小，径3～4 mm，排列成顶生多分枝的大圆锥花序；花序梗细，长5～10 mm，总苞近圆柱状，长2.5～4 mm；总苞片2～3层，淡绿色，线状披针形或线形，顶端渐尖，外层约短于内层之半背面被疏毛，内层长3～3.5 mm，宽约0.3 mm，边缘干膜质，无毛；花托平，径2～2.5 mm，具不明显的突起；雌花多数，舌状，白色，长2.5～3.5 mm，舌片小，稍超出花盘，线形，顶端具2个钝小齿；两性花淡黄色，花冠管状，长2.5～3 mm，上端具4或5个齿裂，管部上部被疏微毛；瘦果线状披针形，长1.2～1.5 mm稍扁压，被贴微毛；冠毛污白色，1层，糙毛状，长2.5～3 mm。花期5—9月。

小蓬草原产北美洲，现在各地广泛分布。据文献记载我国最早是1860年在山东烟台发现，目前全国各地区均有分布。锡林郭勒盟各地均有分布，多见于城市街道、公园绿地等区域，在部分地区在野外也比较常见。小蓬草种子微小且产生量巨大，借冠毛随风扩散，蔓延极快，可通过分泌化感物质抑制邻近其他植物的生长，该植物还是棉铃虫和棉蜡象的中间宿主，其叶汁和捣碎的叶对皮肤有刺激作用。2023年1月被列入我国《重点管理外来入侵物种名录》。

小蓬草与同属的苏门白酒草相似度较高，主要区别是叶片和花序的形态上略有不同，可参见苏门白酒草的介绍及图片。小蓬草性味微苦，有清热利湿、散瘀消肿的功效，用于治疗痢疾、肠炎、肝炎、胆囊炎、跌打损伤等病症，其嫩茎、叶也可做饲料。

小蓬草幼苗

小蓬草幼株

小蓬草整株

第一篇 外来入侵植物

小蓬草茎、叶

小蓬草顶端花序

小蓬草的花、种子

小蓬草成片生长

北美苍耳 》 *Xanthium chinense* Mill.

菊科　苍耳属

北美苍耳为一年生草本植物，植株高30~100 cm，也可达1 m以上。根粗壮，纺锤状，具多数纤维状根。茎直立，坚硬，圆柱形，分枝，有纵沟，被短糙伏毛。叶互生，具长柄，宽卵状三角形或心形，长5~9 cm，宽4~8 cm，3~5浅裂，顶端钝或尖，基部心形，与叶柄连接处成相等的楔形，边缘有不规则的粗锯齿，具三基出脉，叶脉两面微凸，密被糙伏毛，侧脉弧形而直达叶缘，上面绿色，下面苍白色，叶柄长4~9 cm。具瘦果的总苞成熟时变坚硬，椭圆形，绿色，或黄褐色，连喙长18~20 mm，宽8~10 mm，两端稍缩小成宽楔形，顶端具1或2个锥状的喙，喙直而粗，锐尖，外面具较疏的总苞刺，刺长2~5.5 mm（通常5 mm），直立，向上部渐狭，基部增粗，径约1 mm，顶端具细倒钩，中部以下被柔毛，上端无毛。瘦果2个，倒卵形。花期7—8月，果期8—9月。

北美苍耳原产于墨西哥、美国和加拿大。1730年发现于墨西哥，但该种于1768年发表时误把产地写成中国，后由作者（P. Miller, 1771年）本人将原产地纠正为墨西哥。1933年10月2日在内蒙古翁牛特旗采到标本，北川政夫（1936年）曾误当新种蒙古苍耳（*Xanthium mongolicum* Kitag）发表。我国大部分省区都有分布，该种最早的中文名为"蒙古苍耳"，出自1959年的《东北植物检索表》（刘慎谔），《内蒙古植物志》（第三版）中记载蒙古苍耳与北美苍耳的拉丁名不同，应该为不同种，但也有部分学者研究表明，蒙古苍耳与北美苍耳没有特征区别，应该是同一个种。北美苍耳在锡林郭勒盟部分地区有分布，但因为北美苍耳与本地苍耳特征相近，在一些地区虽有报道，但其准确性不能确定。

北美苍耳与本地苍耳共生时，显示出明显的生长优势，其植株数量、高度及叶片大小等均超过本地苍耳，其抗病性也更好，同时北美苍耳可分泌化感物质，影响入侵地生物多样性。北美苍耳与本地苍耳在叶片和植株形态基本一致，主要区别在于刺果表面尖刺要明显更长、更密、更硬，更容易附着在动物皮毛和人类衣物上，其植株茎秆和叶柄颜色多为深红色。

第一篇 外来入侵植物

北美苍耳刺果、叶片

北美苍耳果序

北美苍耳刺果

苍耳（本地种）刺果

苍耳（本地种）特征

北美苍耳整株

意大利苍耳

菊科　苍耳属

Xanthium strumarium subsp. *italicum* (Moretti) D. Löve

意大利苍耳为一年生草本植物，侧根分支很多，长达2.1 m；直根深入地下达1.3 m，植物体高20～200 cm，子叶狭长，6～7.5 mm，常宿存于成熟植物体上。茎直立，粗壮，基部木质化，有棱，常多分枝，粗糙具毛，有紫色斑点。单叶互生，或茎下部叶近于对生；叶片三角状卵形至宽卵形，长9～13 cm，宽8～12 cm，3～5浅裂，有3条主脉，边缘具不规则的齿或裂，两面被短硬毛；叶柄长3～10 cm。头状花序单性同株；雄花序直径约5 mm，生于雌花序的上方；雌花序具2花；总苞结果时长圆形，长1.9～3 cm，直径1.2～1.8 cm，外面特化成长4～7 mm的倒钩刺，刺上被白色透明的刚毛和短腺毛。生育期约为145天。

意大利苍耳的模式标本采自意大利都灵，因此命名为意大利苍耳，但其原产地并不在意大利，原产于北美洲，在南美洲、欧洲、非洲、亚洲和大洋洲归化。苍耳在我国最早的文献记录是1992发布的《植物检疫研究报告-检疫性杂草》（车晋滇、孙国强），1991年在北京昌平县北七家乡马坊桥发现，目前主要分布在北方大部分省份，南方部分省份也有分布。内蒙古兴安盟、通辽市、赤峰市、锡林郭勒盟、呼和浩特市、包头市、巴彦淖尔市等地都有分布。锡林郭勒盟主要分布于二连浩特市。

意大利苍耳的幼苗有毒，牲畜误食会造成中毒，进入农田草场，可与作物争夺养分，造成减产和草场退化，意大利苍耳8%的覆盖率能使作物减产达到60%。意大利苍耳与我国本地苍耳相比，植株明显粗壮高大，繁殖力强，种子产生量大，竞争优势明显，对入侵地生物多样性可产生不利影响，同时意大利苍耳花期可产生大量致敏花粉，可诱发过敏症状。

意大利苍耳在幼苗期与苍耳相似度较高，主要区别在于意大利苍耳植株、叶、果实都明显大于苍耳，特别是果实布满硬质长刺和绒毛状小刺，苍耳果实的刺比较稀疏。意大利苍耳种子化学成分和苍耳类似，可以用来治疗鼻炎，提取物有杀虫作用，可以开发为植物源杀虫剂，种子含油量较高，且富含亚麻酸，能够吸附铅等重金属，可以用来治理工业污染土壤。

意大利苍耳幼株

意大利苍耳整株

意大利苍耳（右边）与苍耳（左边）对比

意大利苍耳果实

意大利苍耳的花

成片生长的意大利苍耳

婆婆针 > *Bidens bipinnata* L.

菊科　鬼针草属

婆婆针为一年生草本植物。茎直立，高30~120 cm，下部略具四棱，无毛或上部被稀疏柔毛，基部直径2~7 cm。叶对生，具柄，柄长2~6 cm，背面微凸或扁平，腹面沟槽，槽内及边缘具疏柔毛，叶片长5~14 cm，二回羽状分裂，第一次分裂深达中肋，裂片再次羽状分裂，小裂片三角状或菱状披针形，具1~2对缺刻或深裂，顶生裂片狭，先端渐尖，边缘有稀疏不规整的粗齿，两面均被疏柔毛。头状花序直径6~10 mm；花序梗长1~5 cm（果时长2~10 cm）。总苞杯形，基部有柔毛，外层苞片5~7枚，条形，开花时长2.5 mm，果时长达5 mm，草质，先端钝，被稍密的短柔毛，内层苞片膜质，椭圆形，长3.5~4 mm，花后伸长为狭披针形，及果时长6~8 mm，背面褐色，被短柔毛，具黄色边缘；托片狭披针形，长约5 mm，果时长可达12 mm。舌状花通常1~3朵，不育，舌片黄色，椭圆形或倒卵状披针形，长4~5 mm，宽2.5~3.2 mm，先端全缘或具2~3齿，盘花筒状，黄色，长约4.5 mm，冠檐5齿裂。瘦果条形，略扁，具3~4棱，长12~18 mm，宽约1 mm，具瘤状突起及小刚毛，顶端芒刺3~4枚，很少2枚的，长3~4 mm，具倒刺毛。花、果期：6—11月。

婆婆针原产于美洲，现广布于美洲、亚洲、欧洲及非洲东部。我国的东北、华北、华中、华东、华南、西南都有分布，婆婆针一名在1975年版的《中国高等植物图鉴》第四册中作异名出现，在1979年版《中国植物志》第75卷作正式中文名。内蒙古通辽市、赤峰市、呼和浩特市有分布，多生长于路边、田野、果园等区域。锡林郭勒盟在正蓝旗有发现。婆婆针瘦果顶端带有刺芒（常见为3个），刺芒及瘦果上有微小的倒刺，非常容易挂在动物皮毛及人衣物上携带传播，也可随风和水传播，侵入农田、果园、苗圃等地造成农作物减产，增加除草成本。同时竞争优势明显，可影响入侵地生物多样性。

婆婆针全草入药，能祛风湿、清热解毒、止泻，主治风湿性关节炎、扭伤、肠炎腹泻、咽喉肿痛、虫蛇咬伤。鬼针草属各种相似度较高，婆婆针与其他种的典型区别在于花舌为黄色，且同一植株上每个花序的花舌数量不固定，3瓣花舌较多，也有1瓣或2瓣，偶有3瓣以上情况。

第一篇 外来入侵植物

婆婆针整株

婆婆针顶端花序、叶

婆婆针头状花序

婆婆针头状花序花舌数量不同

婆婆针成熟的果序

菊科　还阳参属

屋根草 》 *Crepis tectorum* L.

屋根草为一年生或二年生草本植物，根长倒圆锥状，生多数须根。茎直立，高30～90 cm，基部直径2～5 mm，自基部或自中部伞房花序状或伞房圆锥花序状分枝，分枝多数，斜升，极少自上部少分枝，全部茎枝被白色的蛛丝状短柔毛，上部粗糙，被稀疏的头状具柄的短腺毛或被淡白色的小刺毛。基生叶及下部茎叶全形披针状线形、披针形或倒披针形，包括叶柄长5～10 cm，宽0.5～1 cm，顶端急尖，基部楔形渐窄成短翼柄，边缘有稀疏的锯齿或凹缺状锯齿至羽状全裂，羽片披针形或线形；中部茎叶与基生叶及下部茎叶同形或线形，等样分裂或不裂，但无柄，基部尖耳状或圆耳状抱茎；上部茎叶线状披针形或线形，无柄，基部亦不抱茎，边缘全缘；全部叶两面被稀疏的小刺毛及头状具柄的腺毛。头状花序多数或少数，在茎枝顶端排成伞房花序或伞房圆锥花序。总苞钟状，长

7.5～8.5 mm；总苞片3～4层，外层及最外层短，不等长，线形，长2 mm，宽不足0.2 mm，顶端急尖，内层及最内层长，等长，长7.5～8.5 mm，长椭圆状披针形，顶端渐尖，边缘白色膜质，内面被贴伏的短糙毛；全部总苞片外面被稀疏的蛛丝状毛及头状具柄的长或短腺毛。舌状小花黄色，花冠管外面被白色短柔毛。瘦果纺锤形，长3 mm，向顶端渐狭，顶端无喙，有10条等粗的纵肋，沿肋有指上的小刺毛。冠毛白色，长4 mm。花果期7—10月。

屋根草幼苗期（基叶）与成株

屋根草盛花期，生长在路边、野外的屋根草

屋根草原产于欧洲，蒙古国、俄罗斯（西伯利亚、远东地区）、哈萨克斯坦有分布，我国分布于甘肃、河北、黑龙江、吉林、江西、辽宁、内蒙古、新疆等地。锡林郭勒盟大部分地区都有分布，特别在城镇比较常见，从目前调查情况看风险程度一般，但屋根草种子产量较高，适应性较强，需要加强监测。

续断菊 *Sonchus asper* (L.) Hill

菊科　苦苣菜属

续断菊又名花叶滇苦菜，为一年生草本植物。根倒圆锥状，褐色，垂直直伸。茎单生或少数茎成簇生。茎直立，高20～50 cm，有纵纹或纵棱，上部长或短总状或伞房状花序分枝，或花序分枝极短缩，全部茎枝光滑无毛或上部及花梗被头状具柄的腺毛。基生叶与茎生叶同型，但较小；中下部茎叶长椭圆形、倒卵形、匙状或匙状椭圆形，包括渐狭的翼柄长7～13 cm，宽2～5 cm，顶端渐尖、急尖或钝，基部渐狭成短或较长的翼柄，柄基耳状抱茎或基部无柄，耳状抱茎；上部茎叶披针形，不裂，基部扩大，圆耳状抱茎。或下部叶或全部茎叶羽状浅裂、半裂或深裂，侧裂片4～5对椭圆形、三角形、宽镰刀形或半圆形。全部叶及裂片与抱茎的圆耳边缘有尖齿刺，两面光滑无毛，质地薄。头状花序少数（5个）或较多（10个）在茎枝顶端排稠密的伞房花序。总苞宽钟状，长约1.5 cm，宽1 cm；总苞片3～4层，向内层渐长，覆瓦状排列，绿色或绿色，草质，外层长披针形或长三角形，长3 mm，宽不足1 mm，中内层长椭圆状披针形至宽线形，长达1.5 cm，宽1.5～2 mm；全部苞片顶端急尖，外面光滑无毛。舌状小花黄色。瘦果倒披针状，褐色，长3 mm，宽1.1 mm，压扁，两面各有3条细纵肋，肋间无横皱纹。冠毛白色，长达7 mm，柔软，彼此纠缠，基部连合成环。花果期5—10月。

苦苣菜属全世界约有90种，我国原产4种，外来归化1种。《内蒙古植物志》（第三版）中记载全区有3种分布，分别是苣荬菜、苦苣菜、续断菊。苦苣菜在以往的文献中大多被认为是外来种，但该种广泛分布于欧亚大陆，其原产地已不可考证，续断菊确定是外来种，原产于欧洲地中海地区，我国大部分省份都有分布。锡林郭勒盟大部分地区都有分布,但种群密度较低,属点状零星分布,还未见明显危害。

续断菊与苦苣菜相似度较高,主要区别在于续断菊叶片较厚,叶片边缘有密尖硬刺,很扎手,苦苣菜叶片较薄,叶片边缘有疏尖软刺,不扎手。具体参看照片对比。

续断菊幼株与成株

苦苣菜成株　　　　　　　　　　续断菊茎节叶片

续断菊花序侧面

续断菊花序、果序

粗毛牛膝菊

菊科　牛膝菊属

Galinsoga quadriradiata Ruiz & Pavon

　　粗毛牛膝菊为一年生草本植物，成株高10～60 cm；茎直立，纤细不分枝或自茎部分枝，分枝斜升，侧枝发生于叶腋间，茎密被展开的长柔毛，而茎顶和花序轴被少量腺毛；叶对生，卵形或长椭圆状卵形，长2.5～5.5 cm，宽1.2～3.5 cm，基部圆形、宽或狭楔形，顶端渐尖或钝，叶两面被长柔毛，边缘有粗锯齿或犬齿；头状花序半球形，排列成伞房花序于茎顶端；舌状花5朵，雌性，舌片白色，顶端3齿裂，筒部细管状，外面被稠密白色短毛；管状花黄色，两性，顶端5齿裂，冠毛（萼片）先端具钻形尖头，短于花冠筒；托片膜质，披针形，边缘具不等长纤毛。瘦果黑色或黑褐色，被白色微毛。

　　粗毛牛膝菊原产于墨西哥，但广泛分布在美国南部。中国大部分省区都有分布，20世纪中叶随园艺植物引种传入我国，1943年在四川成都首次采到标本，粗毛牛膝菊一名出自《中国植物志》第75卷（1979年）。锡林郭勒盟锡林浩特市、多伦县有分布，主要见于设施农业园区等区域，在野外荒地较干燥的区域比较少见。

粗毛牛膝菊与同属的牛膝菊形态相似度较高，常与牛膝菊伴生，但分布范围和种群密度要低于牛膝菊。粗毛牛膝菊全草也可入药，有清热解毒的功效，同牛膝菊相同。粗毛牛膝菊与牛膝菊主要区别在于粗毛牛膝菊植株稍粗壮，叶片及茎秆为深绿色且被毛更加明显，头状花序的白色花舌明显更大，具体可对比参看本书中牛膝菊照片。

粗毛牛膝菊幼株与成株

粗毛牛膝菊茎、叶的明显绒毛

粗毛牛膝菊花序

粗毛牛膝菊危害状

菊科　牛膝菊属

牛膝菊 » *Galinsoga parviflora* Cav.

牛膝菊为一年生草本植物，高10～80 cm。茎纤细，基部径不足1 mm，或粗壮，基部径约4 mm，不分枝或自基部分枝，分枝斜升，全部茎枝被疏散或上部稠密的贴伏短柔毛和少量腺毛，茎基部和中部花期脱毛或稀毛。叶对生，卵形或长椭圆状卵形，长2.5～5.5 cm，宽1.2～3.5 cm，基部圆形、宽或狭楔形，顶端渐尖或钝，基出三脉或不明显五出脉，在叶下面稍突起，在上面平，有叶柄，柄长1～2 cm；向上及花序下部的叶渐小，通常披针形；全部茎叶两面粗涩，被白色稀疏贴伏的短柔毛，沿脉和叶柄上的毛较密，边缘浅或钝锯齿或波状浅锯齿，在花序下部的叶有时全缘或近全缘。头状花序半球形，有长花梗，多数在茎枝顶端排成疏松的伞房花序，花序径约3 cm。总苞半球形或宽钟状，宽3～6 mm；总苞片1～2层，约5个，外层短，内层卵形或卵圆形，长3 mm，顶端圆钝，白色，膜质。舌状花4～5个，舌片白色，顶端3齿裂，筒部细管状，外面被稠密白色短柔毛；管状花花冠长约1 mm，黄色，下部被稠密的白色短柔毛。托片倒披针形或长倒披针形，纸质，顶端3裂或不裂或侧裂。瘦果长1～1.5 mm，三棱或中央的瘦果4～5棱，黑色或黑褐色，常压扁，被白色微毛。舌状花冠毛毛状，脱落；管状花冠毛膜片状，白色，披针形，边缘流苏状，固结于冠毛环上，正体脱落。花果期7—10月。

牛膝菊原产于南美，几乎遍布中国各地，锡林郭勒盟锡林浩特市、多伦县有分布，主要见于城市公园、绿地、庭院、住宅小区及设施农业园区等区域，在野外荒地较干燥的区域比较少见。牛膝菊生长周期较短，种子产生量大且微小，可通过风、水流、人畜活动传播，适应潮湿的土壤环境，具有较强的竞争优势，条件适宜可快速成片生长。

牛膝菊全草可入药，其味淡，性平，有清热解毒的功效。牛膝菊与同属的粗毛牛膝菊相似度较高，且多伴生，主要区别在于粗毛牛膝菊植株稍粗壮，叶片及茎秆为深绿色且被毛更加明显，头状花序的白色花舌明显更大，具体可对比参看本书中粗毛牛膝菊照片。

牛膝菊茎、叶、花

牛膝菊整株

牛膝菊与粗毛牛膝菊（照片左侧2株白色花舌稍大）（锡林浩特市）

牛膝菊大片生长

药用蒲公英 ❯❯

Taraxacum officinale F. H. Wigg.

菊科　蒲公英属

药用蒲公英为多年生草本植物，根茎部密被黑褐色残存叶基。叶狭倒卵形、长椭圆形，稀少倒披针形，长4～20 cm，宽10～65 mm，大头羽状深裂或羽状浅裂，稀不裂而具波状齿，顶端裂片三角形或长三角形，全缘或具齿，先端急尖或圆钝，每侧裂片4～7片，裂片三角形至三角状线形，全缘或具牙齿，裂片先端急尖或渐尖，裂片间常有小齿或小裂片，叶基有时显红紫色，无毛或沿主脉被稀疏的蛛丝状短柔毛。花葶多数，高5～40 cm，长于叶，顶端被丰富的蛛丝状毛，基部常显红紫色；头状花序直径25～40 mm；总苞宽钟状，长13～25 mm，总苞片绿色，先端渐尖、无角，有时略呈胼胝状增厚；外层总苞片宽披针形至披针形，长4～10 mm，宽1.5～3.5 mm，反卷，无或有极窄的膜质边缘，等宽或稍宽于内层总苞片；内层总苞片长为外层总苞片的1.5倍；舌状花亮黄色，花冠喉部及舌片下部的背面密生短柔毛，舌片长7～8 mm，宽1～1.5 mm，基部筒长3～4 mm，边缘花舌片背面有紫色条纹，柱头暗黄色。瘦果浅黄褐色，长3～4 mm，中部以上有大量小尖刺，其余部分具小瘤状突起，顶端突然缢缩为长0.4~0.6 mm的喙基，喙纤细，长7~12 mm；冠毛白色，长6~8 mm。花果期6—8月。

药用蒲公英单株

药用蒲公英盛花期

药用蒲公英头状花序

药用蒲公英果序

药用蒲公英原产欧洲，别名西洋蒲公英、洋蒲公英，归化于非洲、亚洲、美洲。我国大部分省区都有分布，最早在1861年《香港植物志》中有记载，主要传入方式是种子混在进口草皮中引入，后各地也作为药用植物引进栽培。锡林郭勒盟部分地区有分布，但种群数量稀少，偶见于湿地、温室大棚内及周边、城市绿地、住宅小区等区域，在野外比较少见。菊科蒲公英属种类繁多，全世界约120种以上，《中国植物志》记载我国有近100种，药用蒲公英与本地蒲公英相似度较高,其主要特征区别:植株粗壮,叶片较长,基本在15 cm以上,可达30 cm,花苞明显大于其他种,种子数量较多,花葶粗壮高大,可达40 cm。

药用蒲公英生长迅速,种子产生量大,适应性广,可成为草坪和农田杂草,风险程度一般,需要加强引种栽培的管理,监测野外逸生情况。

药用蒲公英种子　　　　　　　　　　　　　叶片

欧洲千里光
Senecio vulgaris L.

菊科　千里光属

欧洲千里光为一年生草本植物。茎单生,直立,高12~45 cm,自基部或中部分枝;分枝斜升或略弯曲,被疏蛛丝状毛至无毛。叶无柄,全形倒披针状匙形或长圆形,长3~11 cm,宽0.5~2 cm,顶端钝,羽状浅裂至深裂;侧生裂片3~4对,长圆形或长圆状披针形，通常具不规则齿，下部叶基部渐狭成柄状；中部叶基部扩大且半抱茎，两面尤其下面多少被蛛丝状毛至无毛；上部叶较小，线形，具齿。头状花序无舌状花，少数至多数，排列成顶生密集伞房花序；花序梗长0.5~2 cm，有疏柔毛或无毛，具数个线状钻形小苞片。总苞钟状，长6~7 mm，宽2~4 mm，具外层苞片；苞片7~11，线状钻形，长2~3 mm，尖，通常具黑色长尖头；总苞片18~22，线形，宽0.5 mm，尖，上端变黑色，草质，边缘狭膜质，背面无毛。舌状花缺如，管状花多数；花冠黄色，长5~6 mm，管部长3~4 mm，檐部漏斗状，略短于管部；裂片卵形，长0.3 mm，钝。花药长0.7 mm，基部具短钝耳；附片卵形；花药颈部细，向基部膨大；花柱分枝长0.5 mm，顶端截形，有乳头状毛。瘦果圆柱形，长2~2.5 mm，沿肋有柔毛；冠毛白色，长6~7 mm。花期4—10月。

欧洲千里光原产于亚欧大陆，在欧洲，从大西洋沿岸到保加利亚、斯堪的纳维亚半岛、不列颠群岛都有分布，在亚洲分布也比较广泛。我国大部分省份都有分布，欧洲千里光中文名最早的文献见于1959年的《上海植物名录》和《东北植物检索表》。锡林郭勒盟部分地区有分布，多见于城市公园、绿地、庭院及住宅周边。

欧洲千里光生长发育快、成熟早、生长周期较短，可以产生大量种子，可在合适条件下的任何时间萌发，传播能力很强。欧洲千里光含有生物碱，家畜摄入会引起肝中毒，造成体重下降、虚弱甚至死亡。欧洲千里光与北千里光形态相似，主要区别在于欧洲千里光花序外苞片顶端具黑色小尖头。

欧洲千里光幼株

欧洲千里光成株与幼苗

欧洲千里光顶端花序与果序

欧洲千里光种子

第一篇 外来入侵植物

欧洲千里光大片生长

秋 英
Cosmos bipinnatus Cav.

菊科 秋英属

秋英为一年草本植物，植株高30～200 cm。根纺锤状，多须根，或近茎基部有不定根。茎无毛或稍被柔毛。叶二次羽状深裂，裂片线形或丝状线形。头状花序单生，径3～6 cm；花序梗长6～18 cm。总苞片外层披针形或线状披针形，近革质，淡绿色，具深紫色条纹，上端长狭尖，较内层与内层等长，长10～15 mm，内层椭圆状卵形，膜质。托片平展，上端成丝状，与瘦果近等长。舌状花紫红色、粉红色或白色；舌片椭圆状倒卵形，

秋英植株形态

秋英花序、花苞

秋英头状花序

大片种植的秋英

长2～3 cm，宽1.2～1.8 cm，有3～5钝齿；管状花黄色，长6～8 mm，管部短，上部圆柱形，有披针状裂片；花柱具短突尖的附器。瘦果黑紫色，长8～12 mm，无毛，上端具长喙，有2～3尖刺。花期6—8月，果期9—10月。

秋英原产于墨西哥和美国。在中国各地均有分布，大多作为花卉种植栽培，在1933年的《植物学大辞典》（孔庆莱）中称为"大波斯菊"，"秋英"一名出自1953年的《广州常见经济植物》。锡林郭勒盟各地均有栽培，偶有野外逸生，未产生危害。

秋英有较长的栽培历史，培育出了多个品种，花色较多，其全草可入药，有清热解毒，明目消肿化湿的功效。同时秋英花瓣可以食用，用于各种菜肴或糕饼配色点缀。

天人菊 *Gaillardia pulchella* Foug.

菊科　天人菊属

天人菊为一年生草本植物，高20～60 cm。茎中部以上多分枝，分枝斜升，被短柔毛或锈色毛。下部叶匙形或倒披针形，长5～10 cm，宽1～2 cm，边缘波状钝齿、浅裂至琴状分裂，先端急尖，近无柄，上部叶长椭圆形、倒披针形或匙形，长3～9 cm，全缘或上部有疏锯齿或中部以上3浅裂，基部无柄或心形半抱茎，叶两面被伏毛。头状花序径5 cm。总苞片披针形，长1.5 cm，边缘有长缘毛，背面有腺点，基部密被长柔毛。舌状花黄色，基部带紫色，舌片宽楔形，长1 cm，顶端2～3裂；管状花裂片三角形，顶端渐尖成芒状，被节毛。瘦果长2 mm，基部被长柔毛。冠毛长5 mm。花果期6—8月。

天人菊原产于北美洲，现世界各地均有栽培。我国大部分地区都有栽培，天人菊源于日本，1920年张宗绪的《植物名汇拾遗》记载吴兴俗称"金钱菊"，因其花朵鲜艳花期较长，作为观赏植物有意引进。我盟各地均有种植，偶见野外逸生情况，但未见危害情况。

天人菊含有天人菊内酯，具有抗癌作用。在一些传统农业地区，人们在夜里还会用焚烧天人菊的方法来驱蚊。天人菊花色艳丽，并且花期较长，适合做花坛和花丛的养殖花卉。

种植的天人菊

单株生长的天人菊

天人菊头状花序

天人菊果序

第一篇 外来入侵植物

菊科　万寿菊属

万寿菊 *Tagetes erecta* L.

万寿菊为一年生草本植物，一年生草本，高50~150 cm。茎直立，粗壮，具纵细条棱，分枝向上平展。叶羽状分裂，长5~10 cm，宽4~8 cm，裂片长椭圆形或披针形，边缘具锐锯齿，上部叶裂片的齿端有长细芒；沿叶缘有少数腺体。头状花序单生，径5~8 cm，花序梗顶端棍棒状膨大；总苞长1.8~2 cm，宽1~1.5 cm，杯状，顶端具齿尖；舌状花黄色或暗橙色；长2.9 cm，舌片倒卵形，长1.4 cm，宽1.2 cm，基部收缩成长爪，顶端微弯缺；管状花花冠黄色，长约9 mm，顶端具5齿裂。瘦果线形，基部缩小，黑色或褐色，长8~11 mm，被短微毛；冠毛有1~2个长芒和2~3个短而钝的鳞片。花期7—9月。

万寿菊原产于墨西哥。我国各地均有种植，最早在1688年清代著作《秘传花镜》就有记载，主要作为观赏花卉引进栽培，同时兼具药用价值。万寿菊因其悠久的栽培历史，培育了多个品种，花朵的颜色和大小都存在差异。锡林郭勒盟各地都有栽培，偶有野外逸生情况，但竞争优势不明显，未产生危害情况。

万寿菊的花具有清热解毒，化痰止咳之功效，根解毒消肿。

万寿菊单株

万寿菊盛花期

万寿菊花朵

万寿菊茎、叶、花苞

大面积种植的万寿菊

黄花刺茄

Solanum rostratum Dunal

茄科 茄属

黄花刺茄又名刺萼龙葵，是一年生草本植物。直根系，主根发达，侧根较少，多须根。茎直立，基部稍木质化，自中下部多分枝，密被长短不等带黄色的刺，刺长0.5~0.8 cm，并有带柄的星状毛。株型类似灌木。高15~70 cm。叶互生，叶柄长0.5~5 cm，密被刺及星状毛；叶片卵形或椭圆形，长8~18 cm。宽4~9 cm，不规则羽状深裂及部分裂片又羽状半裂，裂片椭圆形或近圆形。先端钝，表面疏被5~7分叉星状毛、背面密被5~9分叉星状毛，两面脉上疏具刺。刺长3~5 mm。蝎尾状聚伞花序腋外生，3~10花。花期花轴伸长变成总状花序，长3~6 cm。果期长达16 cm；花横向，在萼筒钟状，长7~8 mm，宽3~4 mm，密被刺及星状毛，萼片5，线状披针形，长约3 mm，密被星状毛；花冠黄色，辐状，径2~3.5 cm，5裂，瓣间膜伸展，花瓣外面密被星状毛；雄蕊5，花药黄色，异型，下面1枚最长，长9~10 mm，后期常带紫色，内弯曲成弓形，其余4枚长6~7 mm。浆果球形，成熟时黄褐色。直径1~1.2 cm，完全被增大的带刺及星状毛硬萼包被，萼裂片直立靠拢成鸟喙状，果皮薄，与萼合生，萼自顶端开裂后种子散出。种子多数，黑色，直径2.5~3 mm，具网状凹。花果期6—9月。

黄花刺茄原产美洲，除佛罗里达州已经遍布美国，已分布到加拿大、墨西哥、俄罗斯、韩国、南非、澳大利亚等国家或地区。我国最早是1981年沈阳农业大学关广清教授在辽宁省朝阳县半拉子山面粉厂周边首次发现。1992年由刘淑珍的《辽宁植物志》中首次记载，随后逐渐入侵吉林、河北、山西、北京、新疆、黑龙江等地。内蒙古首次发现是2009年在兴安盟的科尔沁右翼前旗、乌兰浩特市和扎赉特旗等地，根据对当地农户的走访调查，早在2006年已经传入兴安盟。随后逐步扩散入侵至通辽市、赤峰市、呼和浩特市、包头市、巴彦淖尔市、锡林郭勒盟、鄂尔多斯市等地，我盟主要分布于苏尼特左旗、苏尼特右旗、镶黄旗、正镶白旗、太仆寺旗、正蓝旗，在部分地区已经入侵草原，蔓延趋势十分严峻。

黄花刺茄除花瓣外，整个植株皆有长短不一的锥状刺，是一种入侵性极强的杂草，适生于各种土壤中，尤其是沙质土壤、碱性土或混合性黏土，单株种子结实2万粒左右，蔓延速度快，使入侵地的生物多样性大大降低，生态平衡遭到破坏，严重影响农作物及牧草的产量和质量；黄花刺茄全株有刺，可扎进牲畜的皮毛，从而降低牲畜皮毛的价值，混入饲料中能损伤牲畜的口腔和肠胃消化道，该植物含有大量的茄碱毒素，毒性高，一旦被牲畜误食后可导致中毒甚至死亡；黄花刺茄还是马铃薯甲虫的重要寄主植物，而马铃薯甲虫对马铃薯的危害是毁灭性的，可造成马铃薯减产30%～50%，严重时甚至减产90%。2017年被列入《中国自然生态系统外来入侵物种名单（第四批）》，2023年1月被列入我国《重点管理外来入侵物种名录》。

黄花刺茄幼苗　　　　　　　　　　　　黄花刺茄幼株

黄花刺茄成株

第一篇　外来入侵植物

黄花刺茄花和果实

黄花刺茄干枯植株

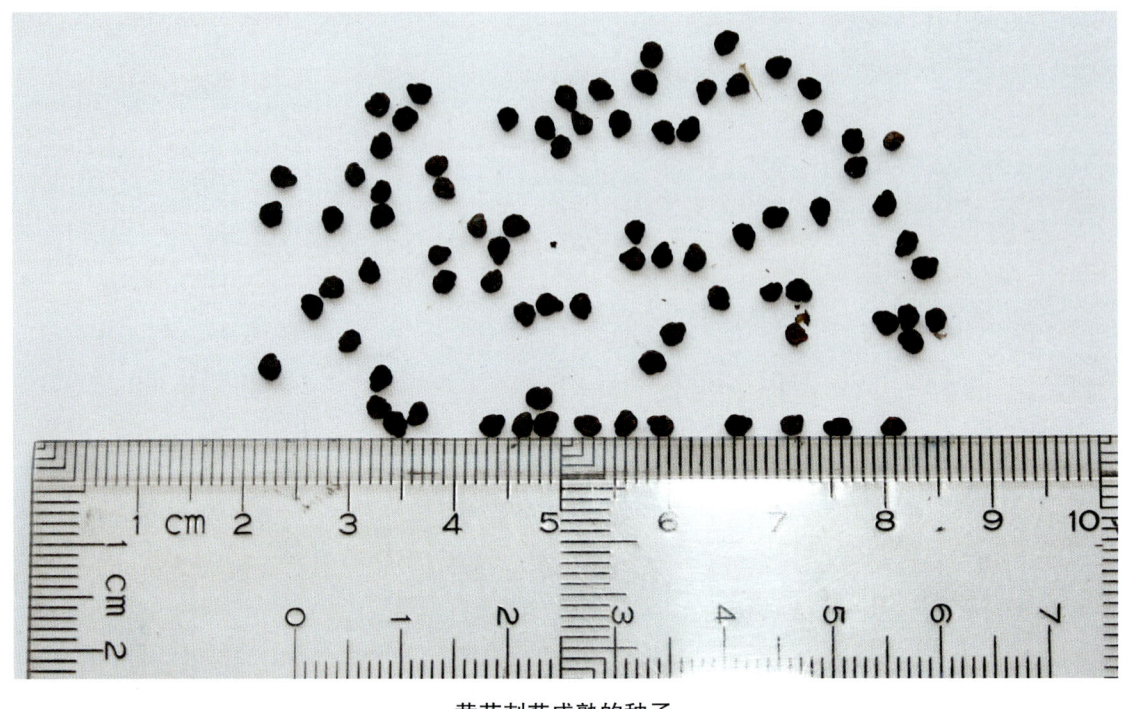

黄花刺茄成熟的种子

羽裂叶龙葵

Solanum triflorum Nutt.

茄科　茄属

　　羽裂叶龙葵为一年生蔓生草本植物，生长初期茎直立，后成匍匐状生长，茎长20～80 cm；植株无刺，有刺激性气味；茎自基部多分枝，长可达1 m，节上具不定根，茎幼时被稀疏短柔毛，偶尔具少数腺毛，老时变无毛。叶片窄椭圆形至长圆形或卵状椭圆形，长2～4 cm、宽0.5～2.9 cm，稍肉质，上表面无毛或具稀疏短柔毛，下表面密被短柔毛，基部楔形，顶端急尖，边缘具齿至羽状深裂，裂片3～6对，裂片边缘内弯加厚，叶柄长1～2 cm。聚伞花序较短，具1～5朵小花（通常为3朵小花），近簇生；花序梗长0.8～3.5 cm，顶端常具1枚叶状小苞片，小花梗长3～12 mm；花萼筒圆锥形，长

1~1.5 mm，花萼5裂，裂片披针形至狭三角形，长2.5~3.5 mm，果期略增大而明显反卷；花冠星芒状，直径10~14 mm，白色至淡紫色，中间为黄绿色，5裂，裂片狭窄，宽1.8~2.2 mm，向后反卷；两性花，雄蕊等长，花药细长，淡黄色，孔裂；花柱密被短柔毛，柱头头状，绿色。浆果球形，直径8~10 mm，成熟时深绿色，有时具浅色条纹，表面通常具光泽。每浆果具种子40~60粒，种子黄白色，近球状，长2~2.5 mm、宽1.7~2 mm，表面颗粒状。染色体$2n=2x=24$。花期7—8月，果期9—10月。

羽裂叶龙葵中文名为新拟定，由严靖、赵利清、马金双在《植物科学学报》（2020年，38卷6期）发表的《中国茄属一新归化种——羽裂叶龙葵》论文中提出，在《中国外来入侵植物志》（马金双）中记载原产于美洲，分布于南美洲和北美洲温带气候区，入侵至欧洲、南非、澳大利亚，国内分布于甘肃和内蒙古，其中内蒙古最早的标本于2013年9月18日采自乌兰察布市四子王旗，采集人不详。羽裂叶龙葵在美国和加拿大被列为具有高度入侵性的杂草，在美洲、西伯利亚地区以及澳大利亚造成危害。目前内蒙古包头市东河区季节性干枯河道内、锡林郭勒盟锡林浩特市、苏尼特右旗、镶黄旗境内也发现了该物种，但数量稀少，还未显现出竞争优势，但需要进一步观察与研究，重点关注，避免入侵危害的发生。

羽裂叶龙葵的成株

羽裂叶龙葵的花

羽裂叶龙葵的果实　　　　生长在干枯河道内的羽裂叶龙葵（苏尼特右旗）

生长在农田里的羽裂叶龙葵

曼陀罗

Datura stramonium L.

茄科　曼陀罗属

曼陀罗为一年生草本植物，有特殊的刺激性气味，高0.5~1.5 m，最高可达2 m。茎粗壮，圆柱形，淡绿色或带紫色，平滑，上部呈二歧分枝，下部木质化。单叶互生，宽卵形，长8~12 cm，宽4~10 cm，先端渐尖，基部不对称楔形，边缘有不规则波状浅裂，裂片先端短尖，有时再呈不相等的疏齿状浅裂，两面脉上及边缘均有疏生短柔毛；叶柄长3~5 cm。花单生于茎枝分叉处或叶腋，直立；花萼筒状，有5棱角，长4~5 cm；花冠漏斗状，长6~10 cm，直径4~5 cm，花冠管具5棱，下部淡绿色，上部白色或紫色，5裂，裂片先端具短尖头；雄蕊不伸出花冠管外，花丝呈丝状，下部贴生花冠管上，雌蕊与雄蕊等长或稍长，子房卵形，不完全4室，花柱丝状，长约6 cm，柱头头状而扁。蒴果直立，

曼陀罗成株

卵形，长3～4.5 cm，直径2.5～4.5 cm，表面具有不等长的坚硬针刺，通常上部者较长，或有时仅粗糙而无针刺，成熟时自顶端向下作规则的4瓣裂，基部具五角形膨大的宿存萼，向下反卷；种子近卵圆形而稍扁。花期7—9月，果期8—10月。

曼陀罗原产于墨西哥，广布于世界各大洲温带和热带地区，中国在明末作为药用植物引进，1578年《本草纲目》已有记载，现全国各省份都有分布。《中国秦岭经济植物图鉴》记载曼陀罗全株有毒，含莨菪碱，有镇痉、镇静、镇痛、麻醉的功能。曼陀罗植株高大，繁殖能力强，单株最多可产生3万粒种子，竞争优势明显，排挤本土植物，影响入侵地生物多样性，同时因其全株有毒，牲畜误食可造成中毒甚至死亡。

曼陀罗的白色花（花萼有规则的4条棱）

曼陀罗的紫色花

曼陀罗的绿色茎、幼果、叶

曼陀罗果球有规则的四瓣条纹

曼陀罗的紫色茎和果球

曼陀罗属约有11种，原产地均不在中国，我国分布有3种，均为入侵植物，分别为曼陀罗、毛曼陀罗、洋金花，其中内蒙古有曼陀罗、洋金花分布，曼陀罗在锡林郭勒盟各地都有分布，比较常见。

曼陀罗果球成熟后开裂成规则的四瓣

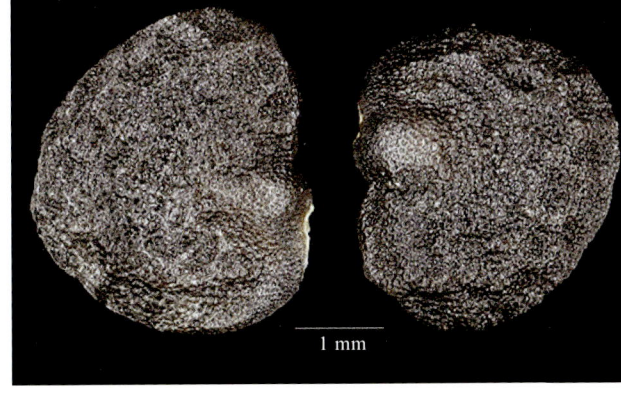

曼陀罗的种子

芒颖大麦草

Hordeum jubatum L.

禾本科　大麦属

芒颖大麦草为一年或越年生草本植物。秆丛生，直立或基部稍倾斜，平滑无毛，秆丛生，直立或基部稍倾斜，高30～45 cm，径约2 mm，具3～5节。叶鞘下部者长于而中部以上者短于节间；叶舌干膜质、截平，长约0.5 mm；叶片扁平，粗糙，长6～12 cm，宽1.5～3.5 mm。穗状花序柔软，绿色或稍带紫色，长约10 cm（包括芒）；穗轴成熟时逐节断落，节间长约1 mm，棱边具短硬纤毛；三联小穗两侧者各具长约1 mm的柄，两颖为长5～6 cm弯软细芒状，其小花通常退化为芒状，稀为雄性；中间无柄小穗的颖长4.5～6.5 cm，细而弯；外稃披针形，具5脉，长5～6 mm，先端具长达7 cm的细芒；内稃与外稃等长。花、果期5—8月。

芒颖大麦草原产于北美及欧亚大陆的寒温带，在美国北部和加拿大南部地区是一种危害严重的杂草。我国主要分布在华北地区和西北地区，最早的记录是1926年在辽宁省大连市采集到标本。内蒙古呼伦贝尔市、兴安盟、通辽市、赤峰市、锡林郭勒盟、乌兰察布市、呼和浩特市、包头市、巴彦淖尔市、鄂尔多斯市都有分布。锡林郭勒盟各旗县市（区）均有分布，生于草原带的草地、城市绿化带及庭院草坪。

芒颖大麦草植株

芒颖大麦草穗状花序

芒颖大麦草盛花期

芒颖大麦草具有广泛的适应性和很强的耐盐碱能力，比其他草地植物具有更强的竞争力，容易成为多种类型草地的优势植物，尤其是盐碱化草地。同时成熟后的芒颖大麦草的适口性差，家畜不喜采食，并易造成对家畜的直接损伤。目前在内蒙古的鄂尔多斯市及呼伦贝尔市部分地区已经发现大面积成片生长的芒颖大麦草，对当地的生物多样性产生了较大影响；同时因芒颖大麦草具有较好的绿化景观效果，在内蒙古很多地区的城区绿化都在引种，存在极大的野外逸生风险，急需加强管理。

芒颖大麦草成熟期　　　　　　　　种子形态

芒颖大麦草大面积生长

黑麦草 *Lolium perenne* L.

禾本科　黑麦草属

根状茎细弱，丛生茎秆高30～90 cm，常3～4节，基部卧生节上生根。叶舌小仅约2 mm长，线形叶片柔软，常具微毛。直立或稍弯穗状花序长可达20 cm，小穗含7～11花，小穗轴节间平滑无毛，颖约为其小穗长的1/3，5脉，边缘狭膜质。带稃颖果矩圆状披针形，扁，淡黄色至黄色，长约6 mm，宽约1.2 mm，外稃草质，5脉，顶端尖，无芒或仅上部小穗具短芒，平滑，内外稃近等长，内稃具2脊，脊上具短纤毛，小穗轴节间圆形，扁，顶端截平，基盘明显，垫状，颖果与内外稃紧贴，矩圆形，棕褐色至深褐色，顶端圆，具黄白色毛茸，背面圆，腹面略凹，长约为宽的3倍。

黑麦草是原产欧洲的外来入侵物种，入侵级别为4级，一般入侵类外来物种。农田杂草，是赤霉病和冠锈病等病原菌的宿主。国内分布于黑龙江、吉林、辽宁、内蒙古、北京、河北、天津、山西、陕西、河南、山东、甘肃、宁夏、青海、新疆、安徽、江苏、浙江、江西、湖北、重庆、四川、贵州、云南等地。各地普遍引种栽培的优良牧草。生于草原、牧场、农田、路旁、草坪、荒地等。

植株生境

黑麦草小穗

长刺蒺藜草

禾本科　蒺藜草属

Cenchrus longispinus (Hack.) Fernald

　　长刺蒺藜草为一年生草本植物，丛生，具须根，植株高20~90 cm。秆圆柱形，中空，有时外倾呈匍匐状，常自基部分枝。叶鞘扁平，除鞘口缘毛外，其余无毛；叶舌长0.6~1.8 mm；叶片长4~27 cm，宽1.5~5（~7.5）mm，上面粗糙，下面无毛。穗形总状花序长1.5~8（~10）cm；小穗2~3（~4）枚簇生成束，其外围由不孕小枝愈合形成刺苞，刺苞近球形，长8.3~11.9 mm，宽3.5~6 mm；刺苞具刺45~75枚；外轮刺多数，常为刚毛状，有时反折，比内轮刺短；内轮刺10~20枚，钻形，长3.5~7 mm，基部宽0.5~0.9（~1.4）mm；刺苞及刺的下部具柔毛；小穗卵形，无柄，长（4~）5.8~7.8 mm，宽2.5~2.8 mm；第一颖长0.8~3 mm，第二颖长4~6 mm，具3~5脉；第一小花常雄性，外稃长4~6.5 mm，具3~7脉；花药长1.5~2 mm；第二小花外稃质硬，背面平坦，顶端尖，长4~7（~7.6）mm，具5脉，花药长0.7~1 mm。颖果卵形，长2~3.8 mm，宽1.5~2.6 mm，黄褐色或黑褐色，包藏于刺苞内。

　　禾本科蒺藜草属全世界约有25种，主要分布在美洲和非洲温带的干旱地区。我国目前有4种蒺藜草属植物分布，均为外来种。因蒺藜草属内各种之间形态特征相近，有错误鉴定的情况，在不同文献中说法不一，存在一定的争议。《内蒙古植物志》（第三版）中记载蒺藜草属在内蒙古只有1种，为光梗蒺藜草（*Cenchrus incertus* M. A. Curtis）。在《中国外来入侵植物志》（总主编马金双）中描述：光梗蒺藜草与长刺蒺藜草极其相似，区别在于光梗蒺藜草的刺少于长刺蒺藜草，前者刺苞裂片扁平状，刺基部常无刚毛状而后者刺苞裂片针刺状或稍扁平，且刺苞基部具多数刚毛状刺，国内几乎所有的文献都将长刺蒺藜草误鉴定成了光梗蒺藜草，并且这个错误一直延续至今。按照《中国外来入侵植物志》的说法，内蒙古现有的光梗蒺藜草应该是长刺蒺藜草。

　　长刺蒺藜草原产于北美洲东部地区，随后扩散至欧洲、非洲、澳大利亚及亚洲，我国北京、河北、吉林、辽宁及内蒙古都有分布。内蒙古兴安盟、通辽市、赤峰市、鄂尔多斯市、巴彦淖尔市、阿拉善盟都有分布，其中通辽市几乎全域都有分布，入侵危害比较严重。锡林郭勒盟苏尼特左旗报道有该物种存在，正镶白旗在输入的饲草料中截获该物种。

长刺蒺藜草幼苗

长刺蒺藜草幼苗整株

长刺蒺藜草幼苗根部刺苞

长刺蒺藜草成株

成熟的种子

长刺蒺藜草花序

生长旺盛的长刺蒺藜草单株

长刺蒺藜草种子外由刺苞包裹，刺苞成熟后布满坚硬长刺且具多数微小的倒刺，极易附着在衣服、动物皮毛和货物上，传播迅速；侵入农田后与农作物争夺水分、养分，影响作物的正常生长发育，其果实成熟后刺苞硬刺极易扎手，给农事活动带来极大不便；侵入草场后直接影响牧草品质，致使优良牧草产量降低，间接降低畜牧业的生产水平，刺苞硬刺可伤害草地上的牲畜，能扎进牲畜的皮毛，降低牲畜皮毛的价值，牛羊取食后容易刺伤口腔，形成溃疡，还可能刺破肠胃黏膜形成草结，影响正常的消化吸收功能，严重时可造成肠胃穿孔引起死亡，对当地农牧业生产带来严重危害。2023年1月长刺蒺藜草被列入我国《重点管理外来入侵物种名录》。

长刺蒺藜草每个成熟的刺苞中有2~3粒种子（2粒居多），在适宜条件下刺苞中有1粒种子先萌发，另外的种子进入休眠状态，当先萌发幼苗遇到特殊情况死亡后，另外的种子可继续萌发，显现出极强的适应性。长刺蒺藜草在未抽穗前与其他禾本科杂草（如稗草）相似较高，可挖出根部观察，通过是否有刺苞即可确认。

长刺蒺藜草大面积危害情况（通辽地区）

野燕麦

Avena fatua L.

禾本科　燕麦属

野燕麦为一年生草本植物。须根较坚韧。秆直立，光滑无毛，高60~120 cm，具2~4节。叶鞘松弛，光滑或基部者被微毛；叶舌透明膜质，长1~5 mm；叶片扁平，长10~30 cm，宽4~12 mm，微粗糙，或上面和边缘疏生柔毛。圆锥花序开展，金字塔形，长10~25 cm，分枝具棱角，粗糙；小穗长18~25 mm，含2~3小花，其柄弯曲下垂，顶端膨胀；小穗轴密生淡棕色或白色硬毛，其节脆硬易断落，第一节间长约3 mm；颖草质，几相等，通常具9脉；外稃质地坚硬，第一外稃长15~20 mm，背面中部以下具淡棕色或白色硬毛，芒自稃体中部稍下处伸出，长2~4 cm，膝曲，芒柱棕色，扭转。颖果被淡棕色柔毛，腹面具纵沟，长6~8 mm。花果期4—9月。

燕麦属在全世界约有29种，其种间关系十分密切，种间杂交也很频繁。野燕麦原产欧洲、中亚及亚洲西南部，现广泛分布于全世界温带及寒带地区。野燕麦在我国最早的记载见于1861年出版的 *Flora Hongkongensis* 一书，生长在香港的荒地。目前基本遍布全国各地，内蒙古各地区都有分布，锡林郭勒盟主要分布于农作物种植地区及城市绿地。

野燕麦是一种世界性的农田恶性杂草，常与小麦混生，尤其对小麦危害严重，影响小麦产量，增加除草成本。野燕麦与燕麦（栽培农作物）形态相似，且二者容易杂交。二者的形态区别主要在小穗上：燕麦小穗含小花1~2朵，小穗轴无毛或疏生短毛，不易断落，第一外稃无毛，基盘仅具少数毛或近于无毛，第二外稃无毛，通常无芒；野燕麦小穗含2~3小花，小穗轴密生淡棕色或白色硬毛，易断落，第一外稃硬毛，第二外稃具芒。此外，野燕麦种子有一定多倍性，形态上小穗的外稃毛与否以及稃毛程度，小穗轴节间被毛与否及被毛程度等都有一定差别和变异。过去有学者在种下发表多个变种现在多数学者认为这些划分过于细致，仅是种群差异。因此，过去《中国植物志》记载了两个变种光野燕麦和光轴野燕麦。2023年1月野燕麦被列入我国《重点管理外来入侵物种名录》。

野燕麦果实与全草均可入药，用于治疗久病体虚，慢性支气管炎咳嗽、咯血，慢性胃肠功能减退所致的饮食不消化、便秘等。野燕麦也可作为青饲料。

野燕麦植株

燕麦（栽培种）植株

野燕麦花序

燕麦颖果

野燕麦颖果

五叶地锦 ▶

Parthenocissus quinquefolia（L.）Planch.

葡萄科　地锦属

　　五叶地锦木质多年生藤本植物。小枝圆柱形，无毛。嫩芽为红色或淡红色，卷须总状5~9分枝，相隔2节间断与叶对生，卷须顶端嫩时尖细卷曲，后遇附着物扩大成吸盘。由5片叶片组成掌状复叶，小叶倒卵圆形、倒卵椭圆形或外侧小叶椭圆形，长5.5~15 cm，宽3~9 cm，最宽处在上部或外侧小叶最宽处在近中部，顶端短尾尖，基部楔形或阔楔形，外侧小有粗锯齿，上面绿色，下面浅绿色，两面均无毛或下面脉上微被疏柔毛；侧脉5~7对，网脉两面均不明显突出；叶柄长5~14.5 cm，无毛，小叶有短柄或几无柄。花序假顶生形成主轴明显的圆锥状多歧聚伞花序，长8～20 cm；花序梗长3～5 cm，无毛；花梗长1.5～2.5 mm，无毛；花蕾椭圆形，高2～3 mm，顶端圆形；萼碟形，边缘全缘，无毛；花瓣5，长椭圆形，高1.7～2.7 mm，无毛；雄蕊5，花丝长0.6～0.8 mm，花药长椭圆形，长1.2～1.8 mm；花盘不明显；子房卵锥形，渐狭至花柱，或后期花柱基部略微缩小，柱头不扩大。果实球形，直径1～1.2 cm，有种子1～4颗；种子倒卵形，顶端圆形，基部急尖成短喙，种脐在种子背面中部呈近圆形，腹部中棱脊突出，两侧洼穴呈沟状，从种子基部斜向上达种子顶端。花期6—7月，果期8—10月。

五叶地锦幼株

五叶地锦原产于北美洲东部，主要分布于北美洲及欧洲地区，在中国大部分省份都有分布。五叶地锦是垂直绿化主要树种之一，是绿化墙面、廊亭、山石或老树干的好材料，也可做地被植物，也常被用于高架桥及立柱的绿化。因其具有优良的城市绿化功能，各地大多是人为引进种植，在北方地区野外逸生情况比较少见，但在南方地区已经具有一定的入侵表现，被五叶地锦攀附严重的树木枝条会死亡，可以影响被攀附植物的生长，应注意控制引种的范围和区域。锡林郭勒盟多伦县、太仆寺旗、锡林浩特市都有分布，常见于城市园林绿化及庭院小区内，野外非常少见。

别名：地锦、枫藤、美国地锦、美国爬山虎、爬墙风、爬墙虎、爬墙藤、三角风、三皮风、山里七、藤五加、五花藤、五叶爬山虎、五爪风、五爪龙、芽藤、北美地锦。

五叶地锦成株

花期

五叶地锦未成熟的果实

五叶地锦成熟的果实

五叶地锦秋季的叶片

种子形态及大小

白花草木樨

豆科　草木樨属

Melilotus albus Desr.

白花草木樨别名白香草木樨，为一或二年生草本，高70～200 cm。茎直立，圆柱形，中空，多分枝，几无毛。羽状三出复叶；托叶尖刺状锥形，长6～10 mm，全缘；叶柄比小叶短，纤细；小叶长圆形或倒披针状长圆形，长15～30 cm，宽（4）6～12 mm，先端钝圆，基部楔形，边缘疏生浅锯齿，上面无毛，下面被细柔毛，侧脉12～15对，平行直达叶缘齿尖，两面均不隆起，顶生小叶稍大，具较长小叶柄，侧小叶小叶柄短。总状花序长9～20 cm，腋生，具花40～100朵，排列疏松；苞片线形，长1.5～2 mm；花长4～5 mm；花梗短，长约1～1.5 mm；萼钟形，长约2.5 mm，微被柔毛，萼齿三角状披针形，短于萼筒；花冠白色，旗瓣椭圆形，稍长于翼瓣，龙骨瓣与翼瓣等长或稍短；子房卵状披针形，上部渐窄至花柱，无毛，胚珠3～4粒。荚果椭圆形至长圆形，长3～3.5 mm，先端锐尖，具尖喙表面脉纹细，网状，棕褐色，老熟后变黑褐色；有种子1～2粒。种子卵形，棕色，表面具细瘤点。花期5—7月，果期7—9月。

白花草木樨原产于西亚至南欧，现归化于东亚、南美洲、北美洲及澳大利亚等区域。

我国大部分地区都有分布，锡林郭勒盟各地区几乎都有分布，但分布范围和种群密度要小于黄香草木樨，在部分区域存在伴生情况，未产生危害。

白花草木樨单株与丛生

白花草木樨茎叶及花序

白花草木樨与黄香草木樨用途相同，形态特征相似，主要区别在于白花草木樨花冠为白色，托叶呈尖刺状锥形，荚果先端锐尖；黄香草木樨花冠为黄色，托叶呈镰状线形，荚果先端钝圆。

黄香草木樨

Melilotus officinalis Pall.

豆科　草木樨属

黄香草木樨别名草木樨、黄花草木樨，一年生或二年生草本，高40～100（～250）cm。茎直立，粗壮，多分枝，具纵棱，微被柔毛。羽状三出复叶；托叶镰状线形，长3～5（～7）mm，中央有1条脉纹，全缘或基部有1尖齿；叶柄细长；小叶倒卵形、阔卵形、倒披针形至线形，长15～25（～30）mm，宽5～15 mm，先端钝圆或截形，基部阔楔形，边缘具不整齐疏浅齿，上面无毛，粗糙，下面散生短柔毛，侧脉8～12对，平行直达齿尖，两面均不隆起，顶生小叶稍大，具较长的小叶柄，侧小叶的小叶柄短。总状花序长6～15（～20）cm，腋生，具花30～70朵，初时稠密，花开后渐疏松，花序轴在花期中显著伸展；苞片刺毛状，长约1 mm；花长3.5～7 mm；花梗与苞片等长或稍长；萼钟形，长约2 mm，脉纹5条，甚清晰，萼齿三角状披针形，稍不等长，比萼筒短；花冠黄色，旗瓣倒卵形，与翼瓣近等长，龙骨瓣稍短或三者均近等长；雄蕊筒在花后常宿存包于果外；子房卵状披针形，胚珠（4）6（～8）粒，花柱长于子房。荚果卵形，长3～5 mm，宽约2 mm，先端具宿存花柱，表面具凹凸不平的横向细网纹，棕黑色；有种子1～2粒。种子卵形，长2.5 mm，黄褐色，平滑。花期5—9月，果期6—10月。

黄香草木樨原产于西亚至南欧，我国大部分地区都有分布，内蒙古各地都有分布，锡林郭勒盟分布更为广泛，常见于荒地、沟谷、嘎查村、路边、河滩等区域，特别是公路隔离带及路边更为常见。

黄香草木樨作为牧草、绿肥和蜜源植物引种栽培，在我国南方部分地区已经成为旱地主要杂草，危害果园及农田，但危害程度较轻；在北方的农牧交错带的公路沿线已经成为优势植物，对公路两侧植物多样性及景观已经造成一定危害。

黄香草木樨可全草入药，味苦，性凉，有清陈热、杀黏、解毒、消炎的功效，主治虫、蛇咬伤，食物中毒，咽喉肿痛，陈热症，脾脏病等症。其茎叶营养价值很高，可用以青饲、青贮、放牧、调制干草或干草粉；其草木根系发达且含有大量的根瘤，能丰富土壤中的氮素，改良土壤结构，也具有保持水土的作用；干燥茎秆还是良好的燃料；其生皮的纤维可造纸、制绳；种子是酿酒、制醋和提取半干性工业用油的原料。

黄香草木樨单株与丛生　　　　　　　　黄香草木樨花序及茎叶

豆科　车轴草属

白车轴草

Trifolium repens L.

白车轴草又名白三叶，多年生草本植物。根系发达。茎匍匐，随地生根，长20～60 cm，无毛。掌状复叶，具3枚小叶；托叶膜质鞘状，卵状披针形，抱茎；叶柄长达10 cm；小叶柄极短，小叶倒卵形、倒心形或宽椭圆形，长10～25 mm，宽8～18 mm，先端凹缺，基部楔形，叶脉明显，边缘具细锯齿，两面几无毛。花序具多数花、密集成簇或呈头状，腋生或顶生；总花梗超出于叶，长达20余cm；小苞片卵状披针形，无毛；花梗短；花萼钟状，萼齿披针形，近等长；花冠白色、稀黄白色或淡粉红色；旗瓣椭圆形，长7~9 mm，基部具短爪，顶端圆，翼瓣显著短于旗瓣，比龙骨瓣稍长。子房条形，花柱长而稍弯。荚果倒卵状矩圆形，具3~4粒种子。花期7—8月，果期8—9月。

白车轴草原产于北非、中亚、西亚和欧洲，现归化于美洲和亚洲东部地区。我国大部分地区都有分布。内蒙古大部分盟市都有分布，其中东部盟市分布更广泛，我盟多见于城市绿地及公园的绿化美化，偶有野外逸生。

白车轴草是世界著名优良栽培牧草之一，是建立人工放牧场和草坪的重要草种。产于大兴安岭南部山地的逸生种的抗寒性和耐霜性极强。可在气温-50℃安全越冬；在无霜期80~100 d的条件下生长发育正常。白车轴草因其多年生特性，具有一定的竞争优势，野外逸生后对生物多样性有一定影响，应加强对引种的管理，避免大范围逸生。

白车轴草与红车轴草形态相似，主要区别为白车轴草花冠为白色，偶有黄色或粉红色，三出复叶具半圆形白斑，小叶为椭圆形或近似圆形；红车轴草花冠多为深红色、紫红色、淡红色，偶有白色，三出复叶具"V"形白斑，小叶为倒卵形，叶尖有明显尖端。

白车轴草花冠正面

白车轴草花冠侧面

白车轴草三出复叶

种植的白车轴草

红车轴草 ▷ *Trifolium pratense* L.

豆科　车轴草属

红车轴草又名红三叶，为多年生草本。根系粗壮。茎直立或上升，多分枝，高20~50 cm，疏生柔毛或近无毛。掌状复叶，只3枚小叶；托叶近卵形：先端具芒尖，基部抱茎；基生叶柄长达20 cm；小叶柄短，小叶卵形、宽椭圆形或近圆形；稀长椭圆形，长20~50 mm、宽10~30 mm，先端钝圆或微缺、基部渐狭，边缘锯齿状或近全缘，两面被柔毛。花序具多数花，密集成簇或呈头状，腋生或顶生，总花梗超出于叶，长达15 cm，小苞片卵形、先端具芒尖，边缘具纤毛；花无梗或具短梗，花萼钟状、具5齿，其中1齿比其他齿长于近1倍；花冠紫红色，长12~15 mm，旗瓣长菱形，翼瓣矩圆形，短于旗瓣，基部具内弯的耳和丝状的爪，龙骨瓣比翼瓣稍短，子房椭圆形，花柱丝状、细长。荚果小，通常具1粒种子。花期7—8月，果期8—9月。

红车轴草植株

逸生的红车轴草

红车轴草三出复叶及花序

红车轴草原产于北非、中亚和欧洲，现归化于美洲、东亚地区。我国大部分地区都有分布。内蒙古大部分盟市都有分布，其中东部盟市分布更广泛，锡林郭勒盟多见于城市绿地及公园的绿化美化，偶有野外逸生。

红车轴草是世界著名的栽培牧草之一，也作为建立人工割草地的主要草种，其根系能够分泌化感物质影响其他植物生长，野外逸生后对生物多样性有一定影响，应加强对引种的管理，避免大范围逸生。

红车轴草头状花序

苜 蓿 *Medicago sativa* L.

豆科　苜蓿属

苜蓿又名紫花苜蓿、紫苜蓿，为多年生草本，高30~100 cm。根系发达，主根粗而长，入土深度达2余m。茎直立或有时斜升，多分枝，无毛或疏生柔毛。羽状三出复叶，顶生小叶较大，托叶狭披针形或锥形，长5~10 cm，长渐尖，全缘或稍有齿，下部与叶柄合生；小叶矩圆状倒卵形、倒卵形或倒披针形，长（5）7～30 mm，宽3.5～13 mm，先端钝或圆，具小刺尖，基部楔形，叶缘上部有锯齿，中下部全缘，上面无毛或近无毛，下面疏生柔毛。短总状花序腋生，具花5～20余朵，通常较密集，总花梗超出于叶，有毛；花紫色或蓝紫色，花梗短，有毛；苞片小，条状锥形；花萼筒状钟形，长5～6 mm，有毛，萼齿锥形或狭披针形，渐尖，比萼筒长或与萼筒等长；旗瓣倒卵形，长5.5～8.5 mm，先端微凹，基部渐狭，翼瓣比旗瓣短，基部具较长的耳及爪，龙骨瓣比翼瓣稍短；子房条形，有毛或近无毛，花柱稍向内弯；柱头头状。荚果螺旋形，通常卷曲1～2.5圈，密生浮毛，含种子1～10颗；种子小，肾形，黄褐色。花期6—7月，果期7—8月。

苜蓿花苞及花序

苜蓿花序

苜蓿果序

苜蓿茎叶

苜蓿原产于西亚，现归化于美洲、加勒比海区域，是世界上分布最广的多年生优良豆科牧草。我国大部分地区都有分布，大约公元前100年，汉代张骞出使西域时首先引种到陕西，有着悠久的栽培历史。锡林郭勒盟全域都有分布，野外逸生后成为旱地杂草，但竞争优势不明显，未产生危害。

苜蓿全草可入药，能利尿排石，主治黄疸、浮肿、尿路结石等。还可作为蜜源植物或用以改良土壤及做绿肥。

苜蓿全株

大　麻　*Cannabis sativa* L.

大麻科　大麻属

大麻为一年生草本植物，高1~3 m，根木质化，茎直立，皮层富纤维，灰绿色。具纵沟，密被短柔毛，叶互生或下部的对生，掌状复叶，小叶3~7。生于茎顶的具1~3小叶，披针形至条状披针形。两端渐尖，边缘具粗锯齿，上面深绿色，粗糙。被短硬毛，下面淡绿色，密被灰白色毡毛；叶柄长4～15 cm，半圆柱形，上有纵沟，密被短绵毛；托叶侧生，线状披针形，长8～10 mm，先端渐尖，密被短绵毛，花单性，雌雄异株。雄株名牡麻或枲麻，雌株名苴麻或苎麻；花序生于上叶的叶腋，雄花排列成长而疏散的圆锥花序。淡黄绿色，萼片5，长卵形，背面及边缘均有短毛，无花瓣；雄穗5，长约5 mm，花丝细长，花药大，黄色。悬垂。富于花粉，无雌蕊；雌花序成短穗状，绿色，每朵花在外具1卵形苞片，先端渐尖，内有1薄膜状花被，紧包子房。二者背面均有短柔毛。雌蕊1，子房球形无柄，花柱二歧，瘦果扁卵形，硬质，灰色，基部无关节，难以脱落，表面光滑而有细网纹，全被宿存的黄褐色苞片所包裹。花期7—8月，果期9—10月。

大麻幼苗

大麻幼株

大麻在旧的分类系统中属于桑科大麻亚科，后经分子学研究，大麻属应从桑科分出，和葎草属等合并组成大麻科，新的分类将大麻亚科提升为科。大麻原产地存在一定的争议，目前中亚地区是大多数学者所认可的起源地。大麻有着非常的久远的栽培驯化史，现存在多个不同的栽培品种，在不同地区也有不同的俗名，从种植区及生长状况分为四种地理类型：北方大麻（分布在北纬60°以上的俄罗斯和芬兰地区），俄罗斯中部大麻（分布北纬50°～60°的欧洲大部分地区），地中海大麻（分布在欧洲中部、南部和东南部以及中东地区），亚洲大麻（分布在中国、日本、泰国、柬埔寨和朝鲜等）；从需求不同又分为纤维型，籽用型，以及秆（纤维）籽兼用型。一般作为毒品使用的是亚洲大麻的一个变种，称为印度大麻，但有的学者也认为所有的大麻植物都可产生相同作用，只是效果不同。目前大麻在世界各地均有栽培，我国各省区市也均有栽培，内蒙古各盟市都有分布，锡林郭勒盟各地野外逸生比较常见。《内蒙古植物志》（第三版）中记载，大麻属在内蒙古只有1种，即大麻（栽培种），还有1个变种野大麻，在野外比较常见，与正种的区别为植株矮小，叶及果实均较小。

大麻（野大麻）雄株

大麻（野大麻）雌株

大麻雄株花序

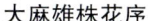

大麻雌株花序

大麻果实（种子）

大麻在我国为一般性农田杂草，可影响农作物产量，增加除草成本，大麻的种仁可入药（药材名：火麻仁），能润燥、通便，用于肠燥便秘。大麻雄性植株的茎和叶中不含致幻成分或含量很少，雌性植株含量则相对较高，一般认为雌性植株具有药用价值和滥用倾向，而雄性植株由于纤维含量较高多用于经济方面。

蓖 麻 > *Ricinus communis* L.

大戟科　蓖麻属

蓖麻为一年生大型草本植物，高1~2 m。茎直立，粗壮，中空，幼嫩部分被白粉。托叶早落，落后在茎上留下环形痕迹；叶盾状圆形，径15~40 cm，掌状半裂，裂片5~11，矩圆状卵形或矩圆状披针形，先端渐尖，边缘具不整齐的锯齿，齿端具腺，两面无毛，主脉掌状，侧脉羽状；叶柄长10~15 cm，被白粉；圆锥花序顶生或与叶对生，长10~20 cm；雄花萼裂片3~5，膜质，卵状三角形；雄蕊多数，花丝多分枝，花药2室；雌花萼裂片3~5，卵状披针形；子房卵形，3室，外面密被软刺，花柱3，先端2裂，深红色，被细而密的突起。蒴果近球形，径1.5~2 cm，具3纵槽，有刺或无，熟时下垂，3瓣裂。种子矩圆形，长约1 cm，外种皮坚硬，有光泽，具黄褐色或黑褐色斑纹，有明显的种阜。花期7—8月，果期9—10月。

蓖麻原产于非洲东部，现归化于世界热带至温带地区。我国大部分地区都有分布，约在1 700年前由印度传入，最早在公元659年苏敬等的《唐本草》有记载，1996年在《中国植物志》上被正式记录。蓖麻引入我国先在南方地区种植，后逐渐向北面扩展，内蒙古大部分盟市都有过种植记录，但近些年种植范围和面积不断减少，目前只有多伦县、太仆寺旗偶有种植，野外逸生比较少见。

蓖麻在南方地区有逸生，可成为高大杂草，排挤本土植物或危害栽培作物；蓖麻种子含有蓖麻蛋白及蓖麻碱，不可食用。但蓖麻种子含油量较高，蓖麻油具有耐高温、不易凝结等特点而广泛应用于工业、国防、航空等行业，具有较高的经济价值；同时蓖麻对土壤中的重金属元素有较强的吸附作用，可用于对农田土壤重金属污染修复。

第一篇 外来入侵植物

蓖麻幼株

蓖麻雌花（上部）与雄花（下部）

蓖麻顶端果序

蓖麻种子

斑地锦草 > *Euphorbia maculata* L.

大戟科　大戟属

斑地锦草为一年生草本植物。根纤细，长4~7 cm，直径约2 mm。茎匍匐，长10~17 cm，直径约1 mm，被白色疏柔毛。叶对生，长椭圆形至肾状长圆形，长6~12 mm，宽2~4 mm，先端钝，基部偏斜，不对称，略呈渐圆形，边缘中部以下全缘，中部以上常具细小疏锯齿；叶面绿色，中部常具有一个长圆形的紫色斑点，叶背淡绿色或灰绿色，新鲜时可见紫色斑，干时不清楚，两面无毛；叶柄极短，长约1 mm；托叶钻状，不分裂，边缘具睫毛。花序单生于叶腋，基部具短柄，柄长1~2 mm；总苞狭杯状，高0.7~1.0 mm，直径约0.5 mm，外部具白色疏柔毛，边缘5裂，裂片三角状圆形；腺体4，黄绿色，横椭圆形，边缘具白色附属物。雄花4~5，微伸出总苞外；雌花1，子房柄伸出总苞外，且被柔毛；子房被疏柔毛；花柱短，近基部合生；柱头2裂。蒴果三角状卵形，长约2 mm，直径约2 mm，被稀疏柔毛，成熟时易分裂为3个分果爿。种子卵状四棱形，长约1 mm，直径约0.7 mm，灰色或灰棕色，每个棱面具5个横沟，无种阜。花果期4—9月。

斑地锦草原产加拿大和美国，现归化于全世界。我国大部分地区都有分布。内蒙古大部分盟市都有分布，锡林郭勒盟主要见于城市街道、草坪、庭院住宅等区域，野外非常少见。

斑地锦草全草有毒，茎叶断裂后会流出白色乳汁，对人的皮肤、黏膜有强烈刺激作用，可引起红肿、发炎。斑地锦草入侵草坪，与草坪争水、肥等。斑地锦草全草可入药，具有止血、清湿热、通乳的功效。

斑地锦草与地锦草及小叶大戟形态比较相似，特别是与地锦草相似度较高，主要区别为：斑地锦草叶片上常有紫斑，偶有无紫斑情况，茎被较贴服卷曲的柔毛，果实密、背贴浮毛；地锦草主要特征是果实通常无毛，全株几无毛，偶尔茎上有长柔毛，叶形通常稳定，为椭圆形，但在干旱地区或极端情况下为椭圆状披针形，全株一般绿色，干旱地区全株红色；小叶大戟较易区分，全株无毛，叶极小，卵形，长宽约3~4 mm，全缘。叶常略灰绿色，茎红色。地锦草和小叶大戟非外来种，在内蒙古也有分布，常与斑地锦草混生，可参看本节中的照片进行对比。

第一篇 外来入侵植物

斑地锦草幼株与成株

斑地锦草茎、叶

斑地锦草花序、蒴果

小叶大戟（照片中上部）、地锦草（照片中下部）

月见草

柳叶菜科　月见草属

Oenothera biennis L.

月见草在北方为一年生植物，淮河以南为二年生植物。茎直立粗壮，基生莲座叶丛紧贴地面；茎高50~200 cm，不分枝或分枝，被曲柔毛与伸展长毛（毛的基部疱状），在茎枝上端常混生有腺毛。基生叶倒披针形，长10~25 cm，宽2~4.5 cm，先端锐尖，基部楔形，边缘疏生不整齐的浅钝齿，侧脉每侧12~15条，两面被曲柔毛与长毛；叶柄长1.5~3 cm。茎生叶椭圆形至倒披针形，长7~20 cm，宽1~5 cm，先端锐尖至短渐尖，基部楔形，边缘每边有5~19枚稀疏钝齿，侧脉每侧6~12条，每边两面被曲柔毛与长毛，尤茎上部的叶下面与叶缘常混生有腺毛；叶柄长0~15 mm。花序穗状，不分枝，或在主序下面具次级侧生花序；苞片叶状，芽时长及花的1/2，长大后椭圆状披针形，自下向上由大变小，近无柄，长1.5~9 cm，宽0.5~2 cm，果时宿存，花蕾锥状长圆形，长1.5~2 cm，粗4~5 mm，顶端具长约3 mm的喙；花管长2.5~3.5 cm，径1~1.2 mm，黄绿色或开花时带红色，被混生的柔毛、伸展的长毛与短腺毛；花后脱落；萼片绿色，有时带红色，长圆状披针形，长1.8~2.2 cm，下部宽大处4~5 mm，先端骤缩成尾状，长3~4 mm，在芽时直立，彼此靠合，开放时自基部反折，但又在中部上翻，毛被同花管；花瓣黄色，稀淡黄色，宽倒卵形，长2.5~3 cm，宽2~2.8 cm，先端微凹缺；花丝近等长，长10~18 mm；花药长8~10 mm，花粉约50%发育；子房绿色，圆柱状，具4棱，长1~1.2 cm，粗1.5~2.5 mm，密被伸展长毛与短腺毛，有时混生曲柔毛；花柱长3.5~5 cm，伸出花管部分长0.7~1.5 cm；柱头围以花药。开花时花粉直接授在柱头裂片上，裂片长3~5 mm。蒴果锥状圆柱形，向上变狭，长2~3.5 cm，径4~5 mm，直立。绿色，毛被同子房，但渐变稀疏，具明显的棱。种子在果中呈水平状排列，暗褐色，棱形，长1~1.5 mm，径0.5~1 mm，具棱角，各面具不整齐洼点。

月见草原产北美，早期引入欧洲，后迅速传播世界温带与亚热带地区。在我国大部分地区都有栽培，并早已沦为逸生，常生于开阔荒地坡路旁，有较强的化感作用，能排挤其他植物生长，易形成密集型的单优势种群。月见草因花朵有香味，且开花时间集中在傍晚，在大部分地区别名夜来香。内蒙古大部分地区都有分布，锡林郭勒盟锡林浩特市、正蓝旗、多伦县有分布，多为城市园林绿化及庭院栽培，偶有野外逸生情况。

月见草花可提制芳香油，种子可榨油，茎皮纤维可制绳，根入药，可祛风湿，强筋骨。

月见草整株　　　　　　　　　　月见草的花

多株生长的月见草

月见草种子成熟

锦葵科　木槿属

野西瓜苗

Hibiscus trionum L.

野西瓜苗为一年生直立或平卧草本植物，高25～70 cm，茎柔软，被白色星状粗毛。叶二型，下部的叶圆形，不分裂，上部的叶掌状3～5深裂，直径3～6 cm，中裂片较长，两侧裂片较短，裂片倒卵形至长圆形，通常羽状全裂，上面疏被粗硬毛或无毛，下面疏被星状粗刺毛；叶柄长2～4 cm，被星状粗硬毛和星状柔毛；托叶线形，长约7 mm，被星状粗硬毛。花单生于叶腋，花梗长约2.5 cm，果时延长达4 cm，被星状粗硬毛；小苞片12，线形，长约8 mm，被粗长硬毛，基部合生；花萼钟形，淡绿色，长1.5～2 cm，被粗长硬毛或星状粗长硬毛，裂片5，膜质，三角形，具纵向紫色条纹，中部以上合生；花淡黄色，内面基部紫色，直径2～3 cm，花瓣5，倒卵形，长约2 cm，外面疏被极细柔毛；雄蕊柱长约5 mm，花丝纤细，长约3 mm，花药黄色；花柱枝5，无毛。蒴果长圆状球形，直径约1 cm，被粗硬毛，果爿5，果皮薄，黑色；种子肾形，黑色，具腺状突起。花期6—9月，果期7—10月。

野西瓜苗原产于非洲，现归化于泛热带地区。我国大部分地区都有分布，据文献记载，我国于14世纪初引入该种，15世纪初朱橚在《救荒本草》中首次收录此植物。内蒙古大部分地区都有分布，锡林郭勒盟苏尼特右旗、东乌珠穆沁旗、锡林浩特市、太仆寺旗等地有分布。常见于农田、路边、嘎查村、荒地等处，是农田常见杂草。

野西瓜苗以全草、种子入药，味甘、性寒、清热解毒、祛风除湿、润肺止咳、利尿，主治急性关节炎、感冒咳嗽、肠炎、痢疾、外用治烧烫伤、疮毒，还可做地栽，地被观赏植物。

野西瓜苗幼株

野西瓜苗成株

锡林郭勒盟 外来入侵物种图鉴

野西瓜苗花序、果序

野西瓜苗种子

锦葵科　苘麻属

苘　麻 〉 *Abutilon theophrasti* Medikus

苘麻为一年生亚灌木状草本植物，高1~2 m。茎直立。圆柱形，上部常分枝，密被柔毛及星状毛，下部毛较稀疏。叶圆心形，长8~17 cm，先端长渐尖，基部心形。边缘具细圆锯齿，两面密被星状柔毛，叶柄长4~15 cm，被星状柔毛。花单生于茎上部叶腋；花梗长1~3 cm，近顶端有节；萼杯状，裂片5，卵形或椭圆形，顶端急尖，长约6 mm，花冠黄色，花瓣倒卵形，顶端微缺，长约1 cm；雄蕊柱平滑无毛较短；心皮15~20，长1~1.5 cm，排列成轮状，形成半球形果实，密被星状毛及粗毛，顶端变狭为芒尖。分果瓣15~20，成熟后变黑褐色，有粗毛，顶端有2长芒，种子肾形，褐色。花果期7—9月。

苘麻花序、果序

苘麻原产于印度,现栽培于亚洲、非洲、欧洲、大洋洲、北美洲等地区并逸生。我国大部分省份都有分布,有着悠久的种植和利用历史,最早记载见于《诗经》《周礼》,距今已有2 600余年。当时被人们利用作为衣着原料,但由于纤维品质不及苎麻和大麻,后逐渐变为制造绳索和包装用品的原料。内蒙古广泛分布,我盟南部农区及锡林浩特市有分布。常见于路旁、荒地和田野间。

苘麻是我国多种农作物田间的主要恶性杂草之一,其生长旺盛,枝叶繁茂,在与作物共生时会截获大部分光照,从而抑制作物对水分和养料的转化,造成产量损失,除此之外,苘麻具有结实量大,种子活力高的特点,这使其易形成难以彻底清除的土壤种子库从而产生持续性的危害。

苘麻可以清热利湿,解毒开窍,种子可入药,用于痢疾、中耳炎、耳鸣、耳聋、淋证涩痛、利湿解毒、小便淋沥、急性中耳炎等。

苘麻花苞

苘麻果序

苘麻种子

苘麻整株

绿独行菜

十字花科　独行菜属

Lepidium campestre（L.）R. Br ex W. T. Aiton

绿独行菜为一年或二年生草本植物，高20～50 cm，植株无毛或近无毛，绿色，茎直立，单一，通常在上部呈伞房状分枝或不分枝，很少由下部分枝；密生多数叶，基生叶莲座状，叶柄长1.5～6 cm；叶倒披针形或长椭圆形，长2～6 cm，宽0.5～1 cm，基部渐窄，全缘、羽状半裂或大头羽裂，先端钝或稍尖，茎生叶无柄，长椭圆形、披针形或三角状披针形，长1～4 cm，基部箭形或耳状，边缘有齿或近全缘，先端尖或稍钝；花萼片长椭圆形，长1.3～1.8 mm，有或无毛，花瓣白色，匙状，长1.8～2.5 mm，先端圆，基部爪状；雄蕊6，花丝长1.5～1.8 mm，花药长椭圆形；果短角果卵形或长椭圆形，长5～6 mm，

绿独行菜幼株与成株

上部具翅，顶端微缺；果瓣囊状，宿存花柱基部与翅连合，果柄平展，长4～8 mm，具毛；种子深褐色，长椭圆形，长约2 mm，具乳突，无翅；子叶背倚胚根，不裂；染色体$2n=16$。花果期为5—7月。

绿独行菜原产欧洲和亚洲西部的高加索地区，归化于北美洲、大洋洲、亚洲、非洲等地区，我国主要在黑龙江、吉林、辽宁、山东、河北有分布。绿独行菜在新的入侵地竞争优势明显，张恒庆等2016年发表的《大连市3个国家级自然保护区陆域外来入侵植物研究》中记载，绿独行菜在老铁山国家级自然保护区局部区域种群数量极多，形成了大面积优势种群，危害本土植物生长，影响当地生物多样性。内蒙古东中部地区与黑龙江、吉林、辽宁、河北接壤，绿独行菜入侵风险较大，需要重点关注。

绿独行菜别名荒野独行菜，典型特征为茎单一，叶片楔形且较大，花序顶端生长，小花可见，有白色花瓣。

绿独行菜花序

密花独行菜

十字花科　独行菜属

Lepidium densiflorum Schrad.

密花独行菜为一年生草本植物，高10～40 cm，茎单一，直立，通常上部多分枝。具疏生柱状短柔毛。基生叶长圆形或椭圆形，有柄，叶片长1.5～3.5 cm，宽5～10 mm，先端急尖，基部渐狭，边缘有不规则深锯齿状缺刻，稀羽状分裂；下部及中部茎生叶有短柄，边缘有锐锯齿，茎上部叶线形，近无柄，具疏锯齿或近全缘。全部叶下面均有柱状短柔毛，上面无毛。总状花序，花多数，密生，果期伸长；萼片卵形，长约0.5 mm。花瓣无或退化成丝状，仅为萼片长度的1/2；花柱极短。短角果圆状倒卵形或广倒卵形，长2～2.5 mm，顶端圆钝，微缺，有翅，无毛，种子卵形，长约1.5 mm，黄褐色，边缘有不明显或极狭的透明白边，子叶背倚胚根。染色体$2n=32$。花期为5—6月，果期为6—7月。

密花独行菜幼株

独行菜（本地种）幼株

密花独行菜原产北美洲，广泛归化于欧洲，日本、韩国、蒙古国、阿根廷、新西兰等地有少量分布。密花独行菜花序较多，每个花序上结实种子较密集，种子产生量较大，单株最多可产种子5 000粒，在原产地北美地区是常见的栽培作物杂草，在俄罗斯和日本被列为外来入侵植物，在原产地外竞争优势明显，可形成大面积单一群落，影响本土植物生长。《中国外来入侵植物志》（马金双）记载我国北京、河北、黑龙江、吉林、辽宁、山东有分布，目前锡林郭勒盟是否有分布还不明确，需要重点关注。

密花独行菜早期常被错误鉴定成北美独行菜（原产美洲，也是外来入侵种），也极易与独行菜（本地种）混淆，北美独行菜的与密花独行菜及独行菜的显著的特征区别：北美独行菜有可见的花瓣，而且花瓣比萼片长约1倍，独行菜和密花独行菜的花瓣已退化成丝状，在花期比较容易区分。密花独行菜与独行菜花部特征相近，主要区别：密花独行菜的短角果（种子）倒卵形，最宽处在果实的上半部分，独行菜的短角果（种子）是卵形或椭圆形，最宽处在果实的中间，独行菜花序分枝要少于密花独行菜，种子产生量要小于密花独行菜。

密花独行菜成株

独行菜（本地种）成株

密花独行菜花序　　　　　　　　　　　　北美独行菜花序

密花独行菜的果序

凹头苋　*Amaranthus blitum* L.

苋科　苋属

凹头苋为一年生草本植物，高10～30 cm，全体无毛；茎伏卧而上升，从基部分枝，淡绿色或紫红色。叶片卵形或菱状卵形，长1.5～4.5 cm，宽1～3 cm，顶端凹缺，有1芒尖，或微小不显，基部宽楔形，全缘或稍呈波状；叶柄长1～3.5 cm。花成腋生花簇，直至下部叶的腋部，生在茎端和枝端者成直立穗状花序或圆锥花序；苞片及小苞片矩圆形，长不及1 mm；花被片矩圆形或披针形，长1.2～1.5 mm，淡绿色，顶端急尖，边缘内曲，背部有1隆起中脉；雄蕊比花被片稍短；柱头3或2，果熟时脱落。胞果扁卵形，长3 mm，不裂，微皱缩而近平滑，超出宿存花被片。种子环形，直径约12 mm，黑色至黑褐色，边缘具环状边。花期7—8月，果期8—9月。

凹头苋幼株

凹头苋原产于地中海地区、欧亚大陆和北非，最初被作为野菜种植，到18世纪逐渐被菠菜代替，随后地中海地区的凹头苋开始减少。凹头苋在我国较早的记载见于北宋时期苏轼的《物类相感志》和兰茂的《滇南本草》，均被记载为野苋菜，目前在全国的大部分地区都有分布。内蒙古只在部分地区（呼伦贝尔市、赤峰市、呼和浩特市、巴彦淖尔市、锡林郭勒盟）发现，锡林郭勒盟多见于在温室大棚中，在野外少见。

凹头苋茎叶可作牲畜饲料，全草入药，用作缓和止痛、收敛、利尿、解热剂；种子有明目、利大小便、去寒热的功效；鲜根有清热解毒作用。凹头苋在欧洲和亚洲多个国家被列为恶性杂草或主要杂草，广泛生长于田间、草原、果园、种植园以及苗圃之中，在日本和美国是山地农田的主要杂草之一。

凹头苋和皱果苋相近，但本种的茎伏卧而上升，由基部分枝，胞果微皱缩而近平滑，典型区别在于凹头苋的叶片尖部有明显的凹形缺口，也是与其他苋属植物的典型区别。

凹头苋成株

第一篇 外来入侵植物

凹头苋茎、叶、花序

多株生长的凹头苋

白 苋 》 *Amaranthus albus* L.

苋科 苋属

白苋为一年生草本植物，高30～50 cm，茎上升或直立，从基部分枝，分枝铺散，绿白色，有不明显棱角，无毛或具糙毛；叶片倒卵形或匙形，长5～20 mm，顶端圆钝或微凹，具凸头，基部渐狭，边缘微波状，无毛，叶柄长3～5 mm，无毛；花簇腋生，或成短顶生穗状花序，有1或数花，苞片及小苞片钻形，长2～2.5 mm，稍坚硬，顶端长锥状锐尖，向外反曲，背面具龙骨，花被片长1 mm，比苞片短，稍呈薄膜状雄花者矩圆形，顶端长渐尖，雌花者矩圆形或钻形，顶端短渐尖，雄蕊伸出花外，柱头3；胞果扁平，倒卵形，

白苋幼株与成株

长1.2～1.5 mm，黑褐色，皱缩，环状横裂，种子近球形，直径约1 mm，黑色至黑棕色，边缘锐；染色体2n=32；花期7—8月，果期9月。白苋与北美苋相似，白苋的花被片为3，苞片长于花被片；北美苋的花被片为4，苞片短于花被片，北美苋多匍匐生长，且茎多为红色，白苋的茎为绿白色，故二者也易于区别。

白苋原产于北美洲中部平原，逐步扩散遍布南美洲、非洲、澳大利亚和欧亚大陆。白苋在中国最早的记载见于1935年出版的《中国北部植物图鉴》（孔宪武，1935），现我国大部分地区都有分布。内蒙古主要分布在呼伦贝尔市、兴安盟、赤峰市等地区，锡林郭勒盟正蓝旗、多伦县有分布，常生长在贫瘠干旱的沙质土壤，铁路及公路边、荒地、房前屋后、垃圾场和农田边、林地等。白苋喜温暖，较耐热，生长适温23～27℃，20℃以下生长缓慢，要求土壤湿润，不耐涝。白苋在加拿大被列为恶性杂草，是部分农田害虫、线虫、病毒的寄主植物，可使当地棉花、大豆、玉米等农作物减产。

白苋可作野菜食用，幼嫩时可作青饲料，全草或根入药，可清热、解毒。

白苋的叶片与茎及茎节处的花序

北美苋 › *Amaranthus blitoides* S. Watson

苋科　苋属

北美苋为一年生草本植物，高15~30 cm。茎平卧或斜升，通常由基部分枝，绿白色，部分植株呈粉红色，茎较肉质，具条棱，无毛或近无毛。叶片倒卵形、匙形至矩圆状倒披针形，长0.5~2 cm，宽0.3~1.5 cm，先端钝或锐尖，具小凸尖，基部楔形，全缘，具白色边缘，上面绿色，下面淡绿色，叶脉隆起，两面无毛；叶柄长5~1.5 mm。花簇小形，腋生，有少数花；苞片及小苞片披针形，长约3 mm；花被片通常4，有时5，雄花的卵状披针形，先端短渐尖，雌花的矩圆状披针形，长短不一，基部成软骨质肥厚，胞果椭圆形，长约2 mm，环状横裂；种子卵形，直径1.3~1.6 mm，黑色，有光泽。花期8—9月，果期9—10月。

北美苋原产于北美，在我国较早的记载见于1959年出版的《东北草本植物》（朱有昌，1959）；刘全儒等（2002）报道该种在北京入侵，中国最早的标本记录是1857年C. Wilford在辽宁采到的标本，国内大部分地区都有分布。2012年出版的《内蒙古维管植物分类及其区系生态地理分布》（赵一之）记载北美苋在岭西及呼伦贝尔（额尔古纳市、鄂温克旗、新巴尔虎左旗）、科尔沁（乌兰浩特市、巴林右旗、克什克腾旗）、锡林郭勒（苏尼特左旗）、阴山（大青山、蛮汗山、乌拉山）、阴南平原（包头市九原区）、阴南丘陵（准格尔旗）、鄂尔多斯（东胜区、鄂托克旗）有分布，目前在锡林郭勒盟各地区都有分布。

北美苋在开花前可以作为蔬菜食用，也可作为饲料，种子的传播方式是通过风力或被鸟类和其他动物取食或排泄后传播，水流也能传播。北美苋的伏地茎多次分枝，可形成直径达1 m以上的紧密毯子，在美国被列为次生的恶性杂草。北美苋在发现区域内还未显现出较明显的危害情况，在部分区域内竞争优势不明显，植株生长矮小，但还需要重点关注。

第一篇　外来入侵植物

北美苋幼株

北美苋成株

97

北美苋茎、叶、花序

生长呈地毯状的北美苋

反枝苋

Amaranthus retroflexus L.

苋科　苋属

反枝苋是一年生草本植物，高20～60 cm。有时达1 m多；茎直立，粗壮，分枝或不分枝，被短柔毛，淡绿色，有时具淡紫色条纹，略有纯棱，叶片椭圆状卵形或菱状卵形，长5～10 cm，宽3～6 cm，先端锐尖或微缺，具小凸尖，基部楔形，全缘或波状缘，两面及边缘被柔毛，下面毛较密，叶脉隆起；叶柄长3～5 cm，有柔毛。圆锥花序顶生及腋生，直立，由多数穗状序组成，顶生花穗较侧生者长；苞片及小苞片锥状，长4～6 mm，顶端针芒状，背部具隆脊，边缘透明膜质；花被片5，矩圆形或倒披针形，长约2 mm，先端锐尖或微凹，具芒尖，透明膜质，有绿色隆起的中肋；雄蕊5，超出花被；柱头3，长刺锥状。胞果扁卵形。环状横裂，包于宿存的花被内，种子近球形，直径约1 mm，黑色或黑褐色，边缘钝。花期7—8月，果期8—9月。

苋科苋属在全世界约有74种，其中55种原产于美洲，其余19种原产于欧亚大陆、非洲南部和大洋洲。反枝苋原产墨西哥，广泛分布于中国各地，其嫩茎叶可食，是良好的养猪养鸡饲料，植株可作绿肥，全草入药，能清热解毒、利尿止痛、止痢，主治痈肿疮毒、便秘、下痢。据有关文献记载，反枝苋在19世纪中叶发现于我国河北和山东，目前在锡林郭勒盟广泛分布，适应性强，喜湿润环境，也比较耐旱，多生于农田、果园、绿地、荒地、嘎查村周边、道路等，是一种非常常见的杂草。

反枝苋传播方式多样，可随有机肥、种子、水流、风力、甚至鸟类等进行传播，适应性极强，在多种农田和杂草丛生的地方都可生长，同时反枝苋生长非常迅速且能够产生大量具有生活力的种子，其种子可形成持久稳定的种子库。反枝苋主要危害棉花、豆类、花生、瓜类、薯类、蔬菜等多种旱作物。反枝苋混生在大豆、小麦、玉米、甜菜、果园和菜园中，可严密遮光和阻碍通风，消耗大量地力，抑制作物生长。反枝苋还常常污染作物种子，如果不加以有效防除，玉米、大豆、春小麦、油菜和蔬菜等产量将明显受损。同时，反枝苋也是许多昆虫、线虫、病毒、细菌和真菌的寄主，影响栽培作物的生长。

反枝苋幼苗

反枝苋幼株与成株　　　　　　　　反枝苋花序

老鸦谷 *Amaranthus cruentus* L.

苋科　苋属

老鸦谷为一年生草本植物，高1~2 m；茎直立、单一或分枝，具钝棱，几无毛。叶卵状矩圆形或卵状披针形，长4~13 cm，宽2~5.5 cm，顶端锐尖或圆钝，具小芒尖，基部楔形。花单性或杂性，圆锥花序腋生和顶生，由多数穗状花序组成，直立，后来下垂；苞片和小苞片钻形，绿色或紫色，背部中肋突出顶端成长芒；花被片膜质，绿色或紫色，顶端有短芒；雄蕊比花被片稍长。胞果卵形，盖裂，和宿存花被等长。老鸦谷的茎直立，具钝棱，近无毛；叶卵状长圆形或卵状披针形，具芒尖；花单性或杂性，穗状圆锥花序直立，后下垂；苞片和小苞片钻形，绿或紫色；花被片膜质，绿或紫色；胞果卵形。花期6—7月，果期9—10月。

老鸦谷整株

老鸦谷茎、叶、花序

老鸦谷的小花

老鸦谷原产于北美洲,在全世界广泛分布。我国各地均有栽培,部分地区野外逸生。锡林郭勒盟部分地区有栽培,野外逸生主要集中在栽培区域周边,其他地区偶有零星发现,未见明显危害,还需要加强对栽培种的管理,避免大范围逸生。

老鸦谷喜光,喜温暖,耐寒,耐旱,耐盐碱,耐瘠薄,对土壤要求不严。老鸦谷因种子产生量大,入侵农田会危害旱地农作物,增加除草成本。老鸦谷有较高的药用价值,在《新疆中草药》中记载,老鸦谷味甘性凉,清热解毒,散瘀利胆。老鸦谷的茎叶可作蔬菜,种子为粮食作物,可作食用或酿酒。老鸦谷也可栽培供观赏。老鸦谷和尾穗苋相近,区别为:圆锥花序直立或以后下垂,花穗顶端尖;苞片及花被片顶端芒刺显明;花被片和胞果等长。和千穗谷相近,区别为雌花苞片为花被片长的一倍半,花被片顶端圆钝。

皱果苋 > *Amaranthus viridis* L.

苋科　苋属

皱果苋是一年生草本植物,高40~80 cm,全体无毛;茎直立,有不显明棱角,稍有分枝,绿色或带紫色。叶片卵形、卵状矩圆形或卵状椭圆形,长3~9 cm,宽2.5~6 cm,顶端尖凹或凹缺,少数圆钝,有1芒尖,基部宽楔形或近截形,全缘或微呈波状缘,叶片常见"V"形白色条纹;叶柄长3~6 cm,绿色或带紫红色。圆锥花序顶生,长6~12 cm,宽1.5~3 cm,有分枝,由穗状花序形成,圆柱形,细长,直立,顶生花穗比侧生者长;总花梗长2~2.5 cm;苞片及小苞片披针形,长不及1 mm,顶端具凸尖;花被片矩圆形或宽倒披针形,长1.2~1.5 mm,内曲,顶端急尖,背部有1绿色隆起中脉;雄蕊比花被片短;柱头3或2。胞果扁球形,直径约2 mm,绿色,不裂,极皱缩,超出花被片。种子近球形,直径约1 mm,黑色或黑褐色,具薄且锐的环状边缘。花期6—8月,果期8—10月。

皱果苋原产热带美洲,现广泛分布于中国的大部分地区。皱果苋可全草入药,味甘,性寒,有清热利湿,解毒等功效,可用于治疗细菌性痢疾、乳腺炎、肠炎、痔疮等症状,皱果苋也可作家畜饲料,其嫩茎叶可作野菜食用。皱果苋在内蒙古大部分盟市都有分布,锡林郭勒盟常见于温室大棚、园林绿化、城市街道等区域,在野外比较少见。

皱果苋幼苗

皱果苋的花序

皱果苋叶片"V"形条纹　　　　　　　　　　　皱果苋成株

杂配藜 〉

藜科　藜属

Chenopodiastrum hybridum（L.）S. Fuentes, Uotila & Borsch

杂配藜为一年生草本植物，高40~90 cm。茎直立，粗壮，具5锐棱，无毛，基部通常不分枝，枝细长，斜伸，叶具长柄，长2~7 cm；叶片质薄，宽卵形或卵状三角形，长5~9 cm，宽4~6.5 cm，先端锐尖或渐尖，基部微心形或几为圆状截形，边缘具不整齐微弯缺状渐尖或锐尖的裂片，两面无毛。下面叶脉凸起，黄绿色。花序圆锥状，较疏散，顶生或腋生；花两性兼有雌性；花被片5，卵形，先端圆钝，基部合生，边缘膜质，背部具肥厚隆脊，腹面凹，包被果实。胞果双凸镜形，果皮薄膜质，具蜂窝状的4~6角形网纹；种子横生，扁圆形，两面凸，径1.5~2 mm，黑色，无光泽，边缘具钝棱，表面具明显的深洼点，胚环形。花期8—9月，果期9—10月。

杂配藜幼株

第一篇 外来入侵植物

分子研究表明，藜科是一个并系群，与狭义的苋科共同构成单系群，但内部各类群的关系至今未得到满意的解决，尽管如此，从APG（现代植物分类学系统）II开始，狭义苋科和藜科即得到合并，成为广义的苋科。

杂配藜原产于欧洲及西亚，分布于欧亚大陆的温带地区，中国大部分省份都有分布，其主要危害与常见的农田杂草藜（灰菜）相似，与农作物争夺养分，降低农作物产量，增加除草成本，在水分状况良好的沟渠或湿地可形成优势种群，排挤本地物种，影响生物多样性。内蒙古大部分盟市都有分布，锡林郭勒盟多见于水分条件较好的农田温室、沟渠、苗圃、住宅周边、绿化用地等区域。

杂配藜的植株及叶片要明显比藜（灰菜）大，别名也叫大叶藜、血见愁，有凉血止血、解毒消肿的功效。杂配藜叶和嫩枝还可作为猪饲料使用。

杂配藜幼株与藜
（图片左边的植株）对比

杂配藜茎、叶、花序

藜科　藜属

杖藜 ❭ *Chenopodium giganteum* D. Don

杖藜是苋科藜属的一年生草本植物。高可达3 m，全株成圆锥形。茎直立，粗壮，基径达5 cm，具条棱及绿色和紫色条纹，上部多分枝。叶大形，具长柄，叶片菱形至卵形，上面深绿色，下面淡绿色，长可达20 cm，宽可达16 cm，先端通常钝，基部宽楔形，边缘具不整齐的波状钝锯齿，表面深绿色，平滑，背面浅绿色，幼时被紫红色粉粒，老后变无粉，上部叶片渐小，卵形至卵状披针形，有钝锯齿或全缘。顶生大型圆锥花序，果期通常下垂；花两性，在花序中数个团集或单生；花被片5，卵形，绿色或暗紫红色，边缘膜质；雄蕊5，胞果果皮膜质。种子黑色或棕色，扁圆形，横生，径约1.5 mm，双凸镜形，红褐或黑色，具网状纹饰。花期8月，果期9—10月。

杖藜在世界的多数国家都有栽培，起源还存在一定争议，可能起源于印度，但确定原产地不在中国。杖藜分布于我国甘肃、辽宁、河南、湖北、贵州、四川、云南等省份，并已成为半野生状态，多生于农田、荒地和路旁。内蒙古在赤峰市有零星发现，锡林郭勒盟在多伦县、太仆寺旗引种藜麦少量夹带该种。

杖藜全草有利尿、解毒、消肿、止血、调经之效，也是常用

杖藜幼苗（图片右上角为藜幼苗）

药材。幼苗、嫩茎叶和花穗均可做蔬菜食用，可炒食或煮汤，亦可腌渍。将果实晒干去壳后，可当粮食用。

杖藜茎、叶、花序　　　　　　　　　　杖藜整株（图片右边为藜植株）

麦蓝菜　　　　　　　　　　　　　　　　石竹科　麦蓝菜属
Gypsophila vaccaria Sm.

一年生或二年生草本植物。株高可达30～70 cm，全株无毛，微被白粉，呈灰绿色；根为主根系；茎单生且直立，上部分枝；叶片卵状披针形或披针形，基部圆形或近心形，顶端急尖；伞房花序稀疏，苞片披针形，着生花梗中上部，花萼卵状圆锥形，后期微膨大呈球形，花瓣淡红色，瓣片狭倒卵形；蒴果宽卵形或近圆球形；种子近圆球形，红褐色至黑色；

花期5—7月，果期6—8月。麦蓝菜以别名"王不留行"一名，始载于《神农本草经》。女娄菜曾用名也为"王不留行"，同名异物，女娄菜在明代之前被叫作"王不留行"。

麦蓝菜分布于我国河北、黑龙江、辽宁等地，欧洲、亚洲等国家和地区也有分布，内蒙古大部分地区有分布，锡林郭勒盟常生于城市绿地、路旁、荒地。其喜温暖湿润的环境气候，较耐旱，对土壤选择不严，但适宜在排水良好的沙质土壤生长。繁殖方式一般为种子繁殖。

麦蓝菜植株

麦蓝菜花序（镶黄旗）

无瓣繁缕

石竹科　繁缕属

Stellaria pallida（Dumort.）Crép.

无瓣繁缕为一年至二年生草本植物，茎通常铺散，呈绿色或稍紫色，有时上升，基部分枝有1列长柔毛，但绝不被腺柔毛。叶小，叶片近卵形，长5～8 mm，有时达1.5 cm，顶端急尖，基部楔形，两面无毛，上部及中部者无柄，下部者具长柄。二歧聚伞状花序；花梗细长；萼片披针形，长3~4 mm，顶端急尖，稀卵圆状披针形而近钝，多少被密柔毛，稀无毛；花瓣无或小，近于退化；雄蕊3~5；花柱极短。种子小，淡红褐色，较繁缕等小2~3倍，直径0.7~0.8 mm，具不显著的小瘤凸，边缘多少锯齿状或近平滑。

无瓣繁缕幼株

无瓣繁缕花苞与花（看不到明显花瓣）

无瓣繁缕叶柄、茎　　　　　　　　繁缕的花（有明显的白色花瓣）

成片的无瓣繁缕

无瓣繁缕原产于欧洲中部及西南部大部分地区，20世纪后期被引入澳大利亚，1969年传入美国，1996年报道该种归化于日本，我国大部分省区都有分布，内蒙古大部分地区有分布，锡林郭勒盟在锡林浩特市、多伦县、正蓝旗、太仆寺旗有分布，常见于温室大棚、城市绿化草坪和庭院绿地，野外及农田比较少见。无瓣繁缕生育期较短且种子易于萌发，在适宜环境蔓延迅速，在短时间内可成片生长，主要危害蔬菜地，增加除草成本。

无瓣繁缕花朵和嫩叶可以食用，富含维生素C、蛋白质、粗纤维等营养成分，有一定的药用价值，具有清热解毒、生津止渴、利尿消肿等功效。

无瓣繁缕与繁缕非常相近，主要区别在于繁缕有明显的花瓣，无瓣繁缕看不到明显花瓣。

麦仙翁 》

Agrostemma githago L.

石竹科　麦仙翁属

麦仙翁为一年生草本植物，高60~90 cm，全株密被白色长硬毛。茎单生，直立，不分枝或上部分枝。叶片线形或线状披针形，长4~13 cm，宽5~10 mm，基部微合生，抱茎，顶端渐尖，中脉明显。花单生，直径约30 mm，花梗极长；花萼长椭圆状卵形，长12~15 mm，后期微膨大，萼裂片线形，叶状，长20~30 mm；花瓣紫红色，比花萼短，爪狭楔形，白色，无毛，瓣片倒卵形，微凹缺；雄蕊微外露，花丝无毛；花柱外露，被长毛。蒴果卵形，长12~18 mm，微长于宿存萼，裂齿5，外卷；种子呈不规则卵形或圆肾形，长2.5~3 mm，黑色，具棘凸。花期6—8月，果期7—9月。

麦仙翁别名麦毒草，全株尤其是种子有毒，入侵农田后种子易混入粮食中，对人、畜和家禽的健康造成危害，因其花朵美丽可观赏用，人为引种比较常见。

麦仙翁原产于地中海沿岸地区，除南极洲之外的各大洲都有分布，主要分布于欧洲、非洲北部，以及亚洲、美洲和大洋洲的温带地区，我国大部分地区都有分布，多见于植物种植园内，各大种子商店均有麦仙翁种子出售。麦仙翁最早被收录于1953年出版的《华北经济植物志要》，《中国高等植物图鉴》也有记载。内蒙古大部分盟市都有分布，但多见于植物园种植或庭院种植，野外逸生比较少见，但需要加强管理与监测，避免发生入侵危害。

麦仙翁植株

麦仙翁茎、叶、花、花萼

麦仙翁的花瓣、花蕊

长春花 〉 夹竹桃科　长春花属
Catharanthus roseus（L.）G. Don

长春花为亚灌木，略有分枝，高60 cm，有水液，全株无毛或仅有微毛；茎近方形，有条纹，灰绿色；节间长1～3.5 cm。叶膜质，倒卵状长圆形，长3～4 cm，宽1.5～2.5 cm，先端浑圆，有短尖头，基部广楔形至楔形，渐狭而成叶柄；叶脉在叶面扁平，在叶背略隆起，侧脉约8对。聚伞花序腋生或顶生，有花2～3朵；花萼5深裂，内面无腺体或腺体不明显，萼片披针形或钻状渐尖，长约3 mm；花冠红色，高脚碟状，花冠筒圆筒状，长约

2.6 cm，内面具疏柔毛，喉部紧缩，具刚毛；花冠裂片宽倒卵形，长和宽约1.5 cm；雄蕊着生于花冠筒的上半部，但花药隐藏于花喉之内，与柱头离生；子房和花盘与属的特征相同。蓇葖双生，直立，平行或略叉开，长约2.5 cm，直径3 mm；外果皮厚纸质，有条纹，被柔毛；种子黑色，长圆状圆筒形，两端截形，具有颗粒状小瘤。花期、果期几乎全年。

长春花原产于非洲东部马达加斯加，在热带和亚热带地区都已归化，在世界大部分地区栽培。我国遍布各地都有栽培，南方地区多室外栽培，北方寒冷地区多作为室内花卉。长春花在我国最早的记载是1661年引入到华南地区，因其较长的栽培历史，培育出了多个品种，花色较多，但粉色比较少见。锡林郭勒盟各地均有栽培，多见于城市、庭院美化及室内花卉，野外逸生少见，未见危害。

长春花在1975年出版的《青岛中草药手册》中提到因为其花期很长，从春至深秋开花不断，故起名长春花。2011年作为入侵种收录至《中国外来入侵生物》（徐海根等）。长春花折断其茎叶可流出的白色乳汁，有剧毒，不可误食。

据现代科学研究，从长春花中可提取出多种生物碱，有解毒抗癌、清热平肝的功效，对治疗多种癌症及儿童急性白血病等都有一定疗效，是国际上应用最多的抗癌植物药源。

长春花整株（室内盆栽）

长春花室外盆栽

长春花的花序

紫茉莉 > *Mirabilis jalapa* L.

紫茉莉科　紫茉莉属

紫茉莉是一年生草本植物，高可达1 m。根肥粗，倒圆锥形，黑色或黑褐色。茎直立，圆柱形，多分枝，无毛或疏生细柔毛，节稍膨大。叶片卵形或卵状三角形，长3～15 cm，宽2～9 cm，顶端渐尖，基部截形或心形，全缘，两面均无毛，脉隆起；叶柄长1～4 cm，上部叶几无柄。花常数朵簇生枝端，总苞钟形，长约1 cm，5裂，裂片三角状卵形；花被紫红色、黄色、白色或杂色，高脚碟状，筒部长2～6 cm，檐部直径2.5～3 cm，5浅裂；花午后开放，有香气，次日午前凋萎。瘦果球形，直径5～8 mm，革质，黑色，表面具皱纹；种子胚乳白粉质。花期6—10月，果期8—11月。因其种子成熟后呈黑色，形状与地雷相似，别名地雷花，其他别名还有胭脂花、地雷花、苦丁香、野丁香、粉豆花、状元花等。

紫茉莉的花与叶

紫茉莉的种子

紫茉莉科约30属300多种，主要分布于美洲热带和亚热带地区，少数分布于欧洲。我国有6属13种，其中引进2属3种，常见栽培或有逸生，主要分布于华南和西南，叶子花属的叶子花（三角梅）最为常见，主要用于南方城市园林绿化，在华南和西南偶尔可见逸生，常被当作入侵植物报道，但叶子花不能产生种子，也无法自行进行营养繁殖，在北方不能自然越冬，多处于栽培状态，未构成入侵危害。但紫茉莉可以产生种子，被列为外来入侵种。

紫茉莉原产热带美洲，具有化感作用，其根系分泌物可以较强地改变土壤微生物群落结构和土壤养分的供求平衡，从而形成有利于自身生长的微环境，抑制当地植物生长，种子和肉质根均有毒性，且自身生长速度快而导致其能够高密度占领生境，在热带地区的许多国家被认为是一种环境杂草。中国南北各地常栽培，为观赏花卉，有时逸为野生。锡林郭勒盟各地均有栽培，常见于庭院种植，野外逸生比较少见。紫茉莉根、叶可供药用，有清热解毒、活血调经和滋补的功效。

牵　牛　〉 旋花科　番薯属
Ipomoea nil（L.）Roth

牵牛为一年生缠绕草本植物，茎上被倒向的短柔毛及杂有倒向或开展的长硬毛。叶宽卵形或近圆形，深或浅的3裂，偶5裂，长4~15 cm，宽4.5~14 cm，基部圆，心形，中裂片长圆形或卵圆形，渐尖或骤尖，侧裂片较短，三角形，裂口锐或圆，叶面或疏或密被微硬的柔毛；叶柄长2~15 cm，毛被同茎。花腋生，单一或通常2朵着生于花序梗顶，花序梗长短不一，长1.5~18.5 cm，通常短于叶柄，有时较长，毛被同茎；苞片线形或叶状，被开展的微硬毛；花梗长2~7 mm，小苞片线形；萼片近等长，长2~2.5 cm，披针状线形，内面2片稍狭，外面被开展的刚毛，基部更密，有时也杂有短柔毛；花冠漏斗状，长5~8 cm，蓝紫色或紫红色，花冠管色淡；雄蕊及花柱内藏；雄蕊不等长；花丝基部被柔毛；子房无毛，柱头头状。蒴果近球形，直径0.8~1.3 cm，3瓣裂。种子卵状三棱形，长约6 mm，黑褐色或米黄色，被褐色短绒毛。花期6—9月，果期9—10月。

第一篇 外来入侵植物

牵牛叶片、花朵

大片生长的牵牛

牵牛与圆叶牵牛为近缘种，相似较高，特别是花朵特征基本一致，主要区别在于叶片和花朵萼片上，牵牛叶片有分裂，圆叶牵牛的叶片是圆心形，牵牛的萼片为披针形，圆叶牵牛萼片较短，成三角形。

牵牛原产于美洲，现已广泛分布于热带和亚热带地区。中国大部分地区都有分布，1591年的《草花谱》中记载江浙一带将其作为花卉栽培，2012年作为入侵植物收录于《生物入侵：中国外来入侵植物图鉴》（万方浩）。锡林郭勒盟部分地区有分布，与圆叶牵牛相比分布范围明显较小，在野外不常见。

牵牛性苦、寒，有毒，其功效为泄水通便，消痰涤饮，杀虫攻积；可用于水肿胀满、气逆咳喘、虫积腹痛等疾症。牵牛为夏秋季常见的蔓生草花，可用于小庭院及居室窗前遮阴及小型棚架的美化，也可作地被栽植。

牵牛花朵正面、侧面及萼片

圆叶牵牛

旋花科　番薯属

Ipomoea purpurea（L.）Roth

圆叶牵牛是一年生缠绕草本植物，叶片圆心形或宽卵状心形，基部圆，心形，顶端锐尖、骤尖或渐尖，两面疏或密被刚伏毛；花腋生，单一或2～5朵着生于花序梗顶端成伞形聚伞花序,花序梗比叶柄短或近等长,长4~12 cm,毛被与茎相同;苞片线形,长6~7 mm,被开展的长硬毛;花梗长1.2~1.5 cm,被倒向短柔毛及长硬毛;萼片近等长,

圆叶牵牛的幼苗

圆叶牵牛的幼苗

锡林郭勒盟外来入侵物种图鉴

圆叶牵牛的花与叶及萼片

圆叶牵牛整株（多伦县）

圆叶牵牛的种子

长 1.1 ~ 1.6 cm，外面3片长椭圆形，渐尖，内面2片线状披针形，外面均被开展的硬毛，基部更密；蒴果近球形，直径9 ~ 10 mm，3瓣裂，种子卵状三棱形，长约5 mm，黑褐色或米黄色，被极短的糠秕状毛。5—10月开花，8—11月结果。

圆叶牵牛原产热带美洲，广泛引植于世界各地，在园林中多作为垂直绿化的良好材料，多植于篱垣或攀做荫棚，已成为归化植物，我国大部分地区有分布，生长在平地至海拔2 800 m的田边、路边、宅旁或山谷林内。锡林郭勒盟大部分地区都有分布，在庭院绿化中较为常见，野外逸生常见于田边、路边、荒地等，竞争优势不明显。圆叶牵牛种子可入药，有泻下利水，消肿散积的功效。

原野菟丝子

旋花科　菟丝子属

Cuscuta campestris Yunck.

　　原野菟丝子为一年生寄生草本，茎缠绕，表面光滑，初为黄绿色，后转黄色至橙色，直径0.5~0.8 mm；与寄主茎接触膨大部分的直径可达1 mm或更粗，表面密生小瘤状突起，粗糙，吸器棒状，由数列纵向细胞组成，顶端细胞膨大，无叶。花序侧生，每一花序有花4~18朵（多数为6~13朵），密集成球形花簇，近无总花序硬；支花序梗长约2 mm，花梗粗壮，长约1 mm，苞片小，鳞片状，无小苞片，花萼杯状，长约1.5 mm，近基部开裂，裂片5，顶端宽圆，花冠白色，短钟状，长约2.5 mm，通常5裂，有时4裂，裂片宽三角形，长约1 mm，顶端尖或稍钝，向外反折，雄蕊着生于花冠裂片弯缺处下方，与花冠裂片等长，有时稍短或略长，花药卵圆形，花丝比花药长，鳞片很大，约与花冠管等长或更长，边缘具长毛，子房扁球形，花柱2，柱头球形，蒴果扁球形，直径约3 mm，高约2 mm，下半部为宿存花冠包围，成熟时不规则开裂，种子1~4，通常为3~4，褐色，卵形，花期和果期很长，从9月至翌年1月可陆续开花、结果。

　　原野菟丝子原产于北美洲，现广泛分布于美洲、欧洲、非洲、亚洲、大洋洲和太平洋诸岛，是一种恶性寄生杂草，自身无根无叶，借助特殊的吸盘器官吸取寄主植物的营养，且缠绕在寄主植物的周围，严重影响寄主植物生长，严重时造成大批植物的死亡，可寄生豆科、菊科、禾本科、苋科、旋花科、锦葵科、蓼科、茄科等多种植物。原野菟丝子在1992年由《中华人民共和国进境植物检疫危险性病、虫、杂草名录》规定为二类检疫性杂草，在2007年收录在《中华人民共和国进境植物检疫性有害生物名录》（第414种）。原野菟丝子在内蒙古大部分地区都有分布。锡林郭勒盟主要在农田种植地区发现。

原野菟丝子寄生于禾本科

原野菟丝子寄生于菊目桔梗科（桔梗）

原野菟丝子寄生于豆科

原野菟丝子的寄生吸盘　　　　　原野菟丝子花序与果序

阿拉伯婆婆纳

Veronica persica Poir.

车前科　婆婆纳属

阿拉伯婆婆纳为铺散多分枝草本植物。高10～50 cm，茎密生两列多细胞柔毛。叶2～4对（腋内生花的称苞片），具短柄，卵形或圆形，长6～20 mm，宽5～18 mm，基部浅心形、平截或浑圆，边缘具钝齿，两面疏生柔毛。总状花序很长；苞片互生，与叶同形且几乎等大；花梗比苞片长，有的超过1倍；花萼花期长仅3～5 mm，果期增大达8 mm，裂片卵状披针形，有睫毛，三出脉；花冠蓝色、紫色或蓝紫色，长4～6 mm，裂片卵形至圆形，喉部疏被毛；雄蕊短于花冠。蒴果肾形，长5～7 mm，宽约7 mm，被腺毛，成熟后几乎无毛，网脉明显，凹口角度超过90°，裂片钝，宿存的花柱长约2.5 mm，超出凹口。种子背面具深的横纹，长约1.6 mm。花期3—5月。阿拉伯婆婆纳属于婆婆纳属，曾经被列在玄参科下，在现代分子生物学手段发现婆婆纳属与玄参科并不亲近，应该被划分到车前科中。

阿拉伯婆婆纳植株

阿拉伯婆婆纳原产亚洲西部及欧洲，现广布于温带及亚热带地区，在中国分布于华东地区，华中地区，贵州、云南、西藏东部及新疆等地。生于路边、宅旁、旱地夏熟作物田，特别是麦田中，对作物造成严重危害，同时成为黄瓜花叶病毒、李痘病毒、蚜虫等多种微生物和害虫的寄主，分布在菠菜、甜菜、大麦等作物根部的病原菌同时也寄生在该种植株上。内蒙古在中西部盟市有分布，锡林郭勒盟主要见于城市公园绿地等区域，野外逸生少见，未产生危害。

阿拉伯婆婆纳危害与婆婆纳相同，且形态相似度较高，主要区别：阿拉伯婆婆纳的花梗明显长于苞片，花朵明显更大，蒴果表面网纹明显；婆婆纳花梗与苞片等长或略短，花朵明显更小，蒴果表面网纹不明显；具体可参看婆婆纳的照片。阿拉伯婆婆纳全草可入药，其味辛、淡，性温；有温肝肾、益气、除湿的功效。

阿拉伯婆婆纳盛花期

阿拉伯婆婆纳花序

生长在公园的阿拉伯婆婆纳

婆婆纳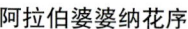

Veronica polita Fries

车前科　婆婆纳属

　　婆婆纳为一年至二年生草本植物,铺散多分枝,多少被长柔毛,高10～25 cm。叶仅2～4对,腋间有花的为苞片,具3～6 mm长的短柄,叶片心形至卵形,长5～10 mm,宽6～7 mm,每边有2～4个深刻的钝齿,两面被白色长柔毛。总状花序很长;苞片叶状,下部的对生或全部互生;花梗比苞片略短;花萼裂片卵形,顶端急尖,果期稍增大,三出脉,疏被短硬毛;花冠淡紫色、蓝色、粉色或白色,直径4～5 mm,裂片圆形至卵形;雄蕊比花冠短。蒴果近于肾形,密被腺毛,略短于花萼,宽4～5 mm,凹口约为90°角,裂片顶端圆,脉不明显,宿存的花柱与凹口齐或略过之。种子背面具横纹,长约1.5 mm。花期3—10月。

婆婆纳属在传统的分类系统用中属于玄参科,但根据分子系统学研究,婆婆纳属应从玄参科中分出,归入车前科。婆婆纳属在全世界约有250种,分布于温带和寒带,少数产热带地区。我国有4种为外来入侵物种,分别是婆婆纳、阿拉伯婆婆纳、直立婆婆纳和常春藤婆婆纳。根据现有的文献记载,内蒙古确定有分布的种为婆婆纳和阿拉伯婆婆纳,本书中介绍并收录,其他种没有收录。

婆婆纳原产西亚,现广布于欧亚大陆和世界温带和热带地区。我国大部分省份都有分布。内蒙古在中西部盟市有分布,主要见于城市公园绿地等区域,野外逸生少见,未产生危害。

婆婆纳顶端叶片及花序

婆婆纳花朵

婆婆纳花朵（较小）与阿拉伯婆婆纳花朵（较大）对比

婆婆纳植株

  婆婆纳植株具有较强的化感作用，尤其对小麦有明显的抑制作用，在南方部分地区是田间常见杂草，影响农作物生长。婆婆纳与同属的阿拉伯婆婆纳相似度较高，主要区别为：婆婆纳花梗与苞片等长或略短，花朵明显更小，蒴果表面网纹不明显；阿拉伯婆婆纳的花梗明显长于苞片，花朵明显更大，蒴果表面网纹明显。

凤仙花

凤仙花科　凤仙花属

Impatiens balsamina L.

直立茎高可达100 cm，粗壮，肉质，少分枝，纤维状根多数，下部膨大。互生叶常狭椭圆形，先端尖，叶缘具锐齿，叶柄上面有浅沟。腋生花单生或几朵簇生，常丛中部至顶部皆生花，花冠白色、粉红色至紫色，单瓣或重瓣，长花梗密被柔毛，苞片线形，2枚卵形萼片侧生，唇瓣舟状，基部成内弯的距，兜状旗瓣圆形，先端微凹，5枚花丝线形，花

凤仙花植株

凤仙花花序

药卵球形。蒴果宽纺锤形，绿至淡黄色，长10～20 mm，两端渐尖，密被柔毛，内含种子多数，种子椭圆球形，略扁，棕褐色，长约3.5 mm，宽约3 mm，表面颗粒状粗糙，有时被金黄色短条状伏毛，顶端钝圆，向下稍宽，种脐位于腹侧下端，略突出，圆形，近种脐有一深色斑块，斑块往上直到顶部有一细沟。同属栽培种有非洲凤仙、苏丹凤仙、新几内亚凤仙等。

凤仙花原产南亚至东南亚的外来入侵物种。入侵级别为一般入侵类外来物种。锡林郭勒盟各地均有栽培，为常见的观赏花卉。民间常用其花及叶染指甲。全草入药（药名透骨草），祛风、除湿、舒筋、活血、止痛。种子入药（药名急性子），破血软坚、消积。

火炬树 >>
Rhus typhina L.

漆树科　盐麸木属

株高可达12 m落叶灌木或小乔木，直立，树形不整齐，小枝粗壮，红褐色，密生茸毛。奇数羽状复叶，叶轴无翅，小叶长椭圆状披针形，叶缘具齿，先端长尖，基部宽楔形至圆形。圆锥花序顶生、密生绒毛，雌雄异株，直立，花白色，雌花花柱有红色刺毛，核果深红色，密被毛，花柱宿存、密集成火炬形。花期6—7月，果期9—10月，可生于河谷、岸边及沼泽边缘；也生于耐干旱、贫瘠的山坡荒地。

火炬树原产北美洲的外来入侵物种。入侵级别为有待观赏类外来入侵物种。国内常见栽培。我盟二连浩特市有栽植。其具超强的繁殖力许多入侵物种的特性。如适应能力强，根蘖繁殖，常成片分布，成熟早，结实量大等。具非常强的侵占力，一旦离开原产地，就会因为失去天敌的控制而疯长，危及入侵地的自然生态系统，导致生态失衡。在火炬树成片生长的地方，大量物种均受到排挤。长此以往是非常危险的。引种应当做好防疫，大量逸生可能影响入侵地的生物多样性，可能威胁入侵地的生态安全。其分泌物会引起过敏人群的不良反应。

第一篇　外来入侵植物

火炬树植株

火炬树花序

第二篇
外来入侵病害与害虫

锡林郭勒盟外来入侵物种图鉴

番茄黄化曲叶病毒病

双生病毒科　菜豆金色花叶病毒属
Tomato yellow leaf curl virus，TYLCV

番茄黄化曲叶病毒病起源于中东地区和地中海盆地，是热带、亚热带地区最具毁灭性的一种番茄病毒病。该病病原菌于1939年在以色列约旦河一带最早发现，1964年被正式命名，烟粉虱是其唯一传播途径。2000年左右，该病毒传入中国境内，最早发现于台湾地区，并逐步由南向北、由东向西快速扩散。2003年，在广西、云南被发现，此后在上海、浙江、江苏等地相继被发现，因该病毒流行性强、危害重、来势猛、传播快，迅速在全中国范围内蔓延。

番茄黄化曲叶病毒病主要通过烟粉虱（*Bemisia tabaci*）以持久方式传播。烟粉虱有10多种生物型，其中B型烟粉虱繁殖快、适应能力强、传毒效率高，是番茄黄化曲叶病毒最主要的传播介体。一旦获毒可在体内终身存在。成虫在株间、地块间迁飞扩散传毒；成虫及卵块随秧苗搬运向异地扩散传毒；卵块随种子搬运向异地扩散传毒。机械摩擦和种子不传毒，但嫁接可导致病毒传播。

番茄黄化曲叶病毒病是由烟粉虱传播的，一般植株在幼苗期即感染病毒，定植后6~7片真叶以后开始发病。我国的生产经验证明，育苗的时期与发病程度有很大关系，育苗时气温越低，发病越轻；反之，发病超重。因此，在全年各个茬口中，秋大棚番茄发病最为严重，春大棚番茄发病最轻，日光温室越冬茬番茄根据育苗时间不同而发病程度不一，9月份以前开始育苗的发病较重，9月份以后开始育苗的发病较轻。

番茄植株生长初期比较容易感染番茄黄化曲叶病毒病，主要症状是植株上的叶片变小，顶端的叶片边缘会轻微发黄并且上卷，叶脉间的叶肉也会发黄，整片叶萎缩、褶皱，植株生长得非常慢或者是不再生长，节间缩短，明显矮化，仅为正常株的1/2~2/3。已长大植株发病的主要症状是叶脉变成紫色，叶片增厚变硬或者变成焦枯，新长出的叶片会出现黄绿不均匀的斑点，有凹凸不平的皱缩或者变形，严重时叶片会萎缩，即使到最后生长至成熟植株，也不会正常开花结果。但是如果开花后又感染了黄化曲叶病毒，结果的数量也会减少，果实变小产生畸形，不能正常变色成熟。

番茄黄化曲叶病毒病叶缘黄化，叶片变小

番茄黄化曲叶病毒病叶缘皱缩黄化，向上卷曲

马铃薯环腐病
Potato ring rot

马铃薯环腐病又称轮腐病，俗称转圈烂、黄眼圈，由密执安棒状杆菌环腐亚种（*Clavibacter michiganensis* subsp. *sepedonicus*）引起，可发生于茎叶，也可发生于块茎，在贮藏期间仍可继续危害，严重时引起块茎腐烂。1906年源于德国，目前在欧洲、北美、南美及亚洲的部分国家均有发生，是一种世界性的由细菌引起的维管束病害。我国于20世纪50年代在黑龙江最先发生，20世纪60年代在青海、北京等地发生，目前已遍布中国各马铃薯产区。通常在冷凉地区发生，病原菌在土壤中不能长期存活，通常是在种块中存活，传播途径就是通过切刀或者包装袋传染，也可以通过蚜虫等其他昆虫刺吸叶片汁液时传播。在马铃薯生长期和贮藏期都能发生。播种后发病造成种薯和芽苗腐烂，使田间缺苗断垄。成株期发病使病株萎蔫死亡或矮小黄花，产量大减。马铃薯受环腐病菌危害后，常造成死苗、死株，严重影响产量，一般减产10%～20%，重者达30%，在贮藏期块茎仍继续腐烂，严重时甚至造成烂窖。

马铃薯环腐病一般在马铃薯现蕾期至开花盛期发生，地上植株和地下块茎均可表现明显症状，地上植株的系统性症状主要表现为萎蔫型和枯斑型。

萎蔫型症状多数从现蕾期开始发生，开花期达到高峰，发病初期，植株叶片自下而上逐渐萎蔫下垂，上部叶片沿中脉向内弯曲，呈失水状萎蔫，叶片变灰色，部分枝茎或整株枯死，但叶片不脱落。受害植株的茎部特别是茎基部的维管束变为浅黄色或黄褐色，但有时变色不明显。

枯斑型症状从植株基部叶片开始发病，逐渐向上蔓延，初期叶尖、叶缘呈褐色，叶肉呈黄绿色或灰绿色而叶脉仍为绿色，呈斑驳症状，后期叶尖、叶缘逐渐干枯，叶片向内纵卷，重病株矮小，叶片上呈现枯斑后随即整株枯死。多数品种可表现两种症状类型，但以其中一种为主。

块茎发病：轻病薯外表无明显症状，纵切病薯，自尾部开始，维管束呈淡黄色或乳黄色；重病薯维管束变色部分可达1周，病薯仅脐部皱缩凹陷变褐色，在薯块横切面上可看到维管束环变黄褐色，有时轻度腐烂，用手挤压维管束部分即与薯肉分离，组织崩溃，呈颗粒状，变色部分有黄白色菌脓溢出，无明显气味。随着病势发展，皮色变暗或变褐；芽眼也可变色，但没有菌脓溢出，严重的表皮可出现裂缝。

叶片发病状

 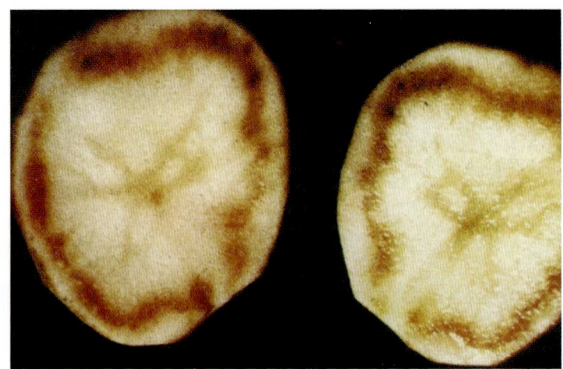

块茎发病状

马铃薯晚疫病 Potato late blight

病原物为致病疫霉 *Phytophthora infestans*（Mont.）de Bary，属鞭毛菌亚门疫霉属真菌。马铃薯晚疫病致病疫霉菌丝无色，无隔膜。有性世代产生卵孢子，但很少见。主要靠无性世代产生孢子囊，传播危害。孢子囊无色，大小为22（~23）×16（~24）μm，卵圆形，顶部有乳头状突起，基部有明显的脚胞，着生在孢囊梗上。孢囊梗无色，有分枝，常2条、3条分枝从叶片的气孔或薯块的皮孔、伤口伸出，即前面所说的白霉。孢子梗顶端膨大，形成孢子囊。孢子囊脱落后，顶端还可伸长，再另生长孢子囊。孢子囊在水滴中吸水后，其内容物分割成6~12个游动孢子，从顶端乳头状突起处释放出来。游动孢子肾脏形，在凹入的一侧生2根鞭毛，在水中游动片刻，便失掉鞭毛，形成球形，生出被膜，然后伸出芽管；当温度不适宜时，孢子囊直接萌发生出芽管。但无论是游动孢子或孢子囊发出的芽管，都能侵入植株的任何绿色部位表皮，更容易从叶片背面侵入；侵入薯块则是通过伤口、皮孔或芽眼外面的鳞片；靠近地面的薯块，则随雨水渗入土中的孢子囊和游动孢子侵染可能性最大。此外，晚疫病菌还能在菌丝内部形成休眠的褐色厚垣孢子。晚疫病菌的孢子囊和游动孢子则需在水里才能萌发。孢子囊产生游动孢子的最适温度在10~13℃，而孢子囊直接萌发为芽管的温度范围较广，为4~30℃，多在25℃以上形成。菌丝在13~30℃的范围都能生长，最适温度为20~23℃。孢子囊形成的温度范围是7~25℃。当相对湿度达到85%以上时，病菌才能向空中伸出孢囊梗。孢子囊的形成，需要更高的度，至少要达到95%~97%，才能大量形成。孢子囊在低湿高温的条件下，很快就失去生活力。游动孢子的寿命更短。但在土壤中的孢子囊，在夏季的条件下可以维持生活力达两个月。晚疫病菌是一种相当严格的寄生菌，一般要在活的植株或薯块上才能生存。在保证营养的培养基上，如在煮麦片、菜豆粉等培养基上均能够生长。在自然界中除了马铃薯以外，只有番茄是重要的寄主。在马铃薯收获后，病菌主要以菌丝体在病薯中越冬，成为翌年初侵染菌源。

病菌主要以菌丝体在薯块中越冬。带病种薯播种到地里后，由于病薯内菌丝的侵染，除一部分薯芽失去发芽能力和未出土即死亡外,个别受侵的薯芽出土后,在茎上形成条斑。这些露出地面的条斑,如环境潮湿,表面即产生孢子囊,形成中心病株。从中心病株的病斑上所产生的孢子囊,通过气流传播,向本植株的其他部位或周围的植株重复侵染,引起新的病斑发生。蔓延的范围逐渐扩大,到全田的植株很普遍地有了病斑时,再经过1~2次重复侵染,便能造成植株普遍提早枯死。感病植株上的一部分孢子囊落到地面,随着雨水或灌溉水渗入土壤后,萌发而侵入薯块。在收获时薯块可以受地面上的活孢子侵染。

叶片正面病害状

叶片背面病害状

晚疫病发生在马铃薯的叶、茎和薯块上。叶片发病，起初造成形状不规则的黄褐色斑点，没有整齐的界线。气候潮湿时，病斑迅速扩大，其边缘呈水渍状，有一圈白色霉状物，在叶的背面，长有茂密的白霉，形成霉轮，这是马铃薯晚疫病的特征。在干燥时，病斑停止扩展，病部变褐变脆，病斑边缘亦不产生白霉。诊断方法：可取带有病斑的叶子，把叶柄插在碗内的湿沙里，上盖一空碗以保湿。如果是晚疫病，经一夜就会在病斑的边缘上出现白霉，挑出少许白霉用显微镜观察鉴定。

茎部受害，初呈稍凹陷的褐色条斑。气候潮湿时，表面也产生白霉，但不及叶片上的繁茂。薯块受害发病初期产生小的褐色或带紫色的病斑，稍凹陷，在皮下呈红褐色，逐渐向周围和内部发展。土壤干燥时病部发硬，呈干腐状；而在黏重多湿的土壤内，常有杂菌从病斑侵入繁殖，造成薯块软腐。在贮藏中的带病薯块，由于窖内温湿度的影响和杂菌的侵染，也可能转为干腐和湿腐。

世界各地马铃薯产区都有发生。在中国，西南地区较为严重，东北、华北与西北多雨潮湿的年份危害较重。

叶片发病初期、中期、后期

薯块症状（左轻、右重）

番茄潜叶蛾

Tuta absoluta（Meyrick）

鳞翅目　麦蛾科

番茄潜叶蛾又名南美番茄潜叶蛾、番茄潜麦蛾、番茄麦蛾等，成虫体长6～7 mm，翅展8～10 mm，体色为浅灰色或灰褐色，鳞片银灰色；触角丝状；下唇须发达，向上翘弯；足细长；触角、下唇须和足均具有灰白色与暗褐色相间的横纹。卵单产，长0.3～0.4 mm，圆筒状，奶白色到橘黄色。幼虫分为4个龄期，初孵幼虫为奶白色或淡黄白色，头部为淡棕黄色，体长0.4～0.6 mm；2龄幼虫淡绿色或淡黄白色；3龄和4龄幼虫绿色，或背部淡粉红色（依取食的寄主部位及发生时期变化），头部棕黄色，前胸背板棕黄色，后缘具有棕褐色斑纹。蛹圆筒状，初始为绿色，羽化前颜色加深，常覆盖白色丝茧。

番茄潜叶蛾起源于南美洲西部的秘鲁，2017年8月番茄潜叶蛾首次在我国新疆被发现，2021年7月首次入侵内蒙古，已在新疆、云南、山西、甘肃、四川、内蒙古、北京、辽宁、山东等地定殖，呈扩展蔓延态势，严重危害番茄生产，一般可导致减产20%～30%，重者达50%以上。内蒙古兴安盟、通辽市、赤峰市、锡林郭勒盟、呼和浩特市、包头市、鄂尔多斯市、乌海市都有分布。我盟锡林浩特市、太仆寺旗、多伦县、正蓝旗、正镶白旗等地有分布。

番茄潜叶蛾主要以幼虫危害农作物，该虫寄主广泛，可危害19科40种作物，主要以幼虫危害番茄、马铃薯、辣椒、茄子等茄科作物，尤其嗜食番茄。雌成虫在植株上部刚刚展开的叶片上产卵，幼虫一经孵化便潜入寄主植物组织中，取食叶肉，并在叶片上形成细小的潜道，隐蔽性极强。3龄至4龄幼虫潜食叶片时，留下黑色粪便及窗纸样上表皮，影响植物光合作用，严重时叶片皱缩、干枯、脱落；潜蛀嫩茎时，多形成龟裂影响植株整体发育，并引发幼茎坏死；蛀食幼果时，常使果实变小、畸形，形成的孔洞甚至会造成果实腐烂，使幼果大量脱落，造成严重减产，发生严重时会导致番茄减产80%～100%，是最具毁灭性的世界性入侵害虫之一。2023年1月被列入《重点管理外来入侵物种名录》，2023年11月，根据《农作物病虫害防治条例》有关规定，农业农村部将番茄潜叶蛾增补纳入《一类农作物病虫害名录》管理。

番茄潜叶蛾成虫

番茄潜叶蛾幼虫危害初期

番茄潜叶蛾幼虫及为害叶片

番茄潜叶蛾蛹

番茄潜叶蛾危害叶片特征

番茄潜叶蛾危害严重的叶片特征

温室白粉虱

半翅目　粉虱科

Trialeurodes vaporariorum Westwood

温室白粉虱又称温室粉虱、白粉虱。成虫体淡黄色；翅面覆盖白蜡粉，翅端半圆状遮住整个腹部，翅脉简单，沿翅外缘有一排小颗粒；雌虫个体比雄虫大，经常雌雄成对在一起，大小对比显著，腹部末端有产卵瓣3对（背瓣，腹瓣，内瓣），初羽化时向上折，以后展开，腹侧下方有2个弯曲的黄褐色曲纹，是腊板边缘的一部分，两对腊板位于第二、第三腹节两侧；雄虫个体比雌虫小，和雌虫在一起时常常颤动翅膀，腹部末端有一对钳状的阳茎侧突，中央有弯曲的阳茎，腹部侧下方有4个弯曲的黄褐色曲纹，是腊板边缘的一部分，四对腊板位于第二、第三、第四、第五腹节上。卵为椭圆形，顶部尖，端部有卵柄，与叶面垂直，卵柄通过产卵器插入叶表裂缝中，卵柄除有附着作用外，还可以从叶片中获得水分避免干死，在受精时，卵柄充满原生质，有导入精子的作用，受精后，原生质萎缩，卵柄为一空管，卵柄周围有一些胶体物质，水分通过胶体物质进入卵中，卵变色由顶部开始逐渐扩散到基部，由白（浅绿色）到黄，逐渐由顶部扩展到基部为褐色，孵化前为黑紫色，卵上覆盖成虫产的蜡粉较明显。若虫分为1、2、3、4共4个龄期，1龄身体为长椭圆形，较细长，有发达的胸足，能就近爬行，后期静止下来，触角发达、腹部末端有一对发达的尾须；2龄胸足显著变短，无步行机能，定居下来，身体显著加宽，椭圆形，尾须显著缩短；3龄体形与2龄若虫相似，略大，足与触角残存，体背面的腊腺开始向背面分泌蜡丝，显著看出体背有3个白点，即胸部两侧的胸褶及腹部末端的瓶形孔；4龄若虫又称伪蛹，椭圆形，初期体扁平，逐渐加厚，中央略高，黄褐色，体背有长短不齐的蜡丝，体侧有刺，伪蛹显著比3龄加长加宽，但尚未显著加厚，蛹白色至淡绿色，半透明，附肢残存，尾须更加缩短，中期，蛹壳边缘厚，蛋糕状，周缘排列有均匀发亮的细小蜡丝，发达四射，瓶形孔长心脏形，舌状突短，呈三叶草状，顶端有1对刚毛，亚缘体周边单列分布有60多个小乳突，背盘区还有4~5对较大的乳突，体色逐渐变为淡黄色。末期，比中期更长更厚，成匣状，复眼显著变红，体色变为黄色，成虫在蛹壳内逐渐发育起来。

温室白粉虱原产于北美西南部，后传入欧洲，现广布世界各地。1975年始见于我国北京，现几乎遍布全国，在我国北方以各虫态在温室越冬并继续危害。内蒙古大部分地区都有分布，锡林郭勒盟主要见于温室大棚中。

温室白粉虱成虫

第二篇 外来入侵病害与害虫

温室白粉虱成虫和若虫

温室白粉虱危害叶片状

温室白粉虱危害辣椒

在北方由于温室和露地蔬菜生产紧密衔接和相互交替，温室白粉虱的寄主植物达600种以上，包括多种蔬菜、花卉、特用作物、牧草和木本植物等，成虫、若虫聚集寄主植物叶背刺吸汁液，成虫、若虫所排蜜露污染叶片，严重污染叶片和果实，往往引起煤污病的大发生，使蔬菜失去商品价值，温室条件下一年发生10余代。温室白粉虱与烟粉虱形态特征相似，主要区别：温室白粉虱雌雄虫均比烟粉虱大，虫体黄色，前翅脉有分叉，栖息时左右翅合拢平覆于腹部上，通常腹部被遮盖，雌虫腹末钝圆，雄虫腹末则较尖，其中温室粉虱雄虫腹末的黑色阳具明显。烟粉虱栖息时左右翅合拢呈屋脊状，脊背有一条明显的缝。具体可对比参看本书中烟粉虱的图片。

烟粉虱

Bemisia tabaci Gennadius

半翅目　粉虱科

烟粉虱俗称小白蛾，属渐变态昆虫。其个体发育分卵、若虫、成虫3个阶段。若虫3龄，通常将3龄若虫蜕皮后形成的蛹称伪蛹或拟蛹。卵有光泽，呈长梨形，有小柄，与叶面垂直，卵柄通过产卵器插入叶表裂缝中，大多不规则散产于叶背面，也见于叶正面。卵初产时为淡黄绿色，孵化前颜色慢慢加深至深褐色。烟粉虱若虫为淡绿色至黄色，1龄若虫有足和触角，能活动，在2龄、3龄时，烟粉虱的足和触角退化至只有一节，固定在植株上取食，3龄若虫蜕皮后形成伪蛹，蜕下的皮硬化成蛹壳。伪蛹蛹壳呈淡黄色，长0.6~0.9 mm，边缘薄或自然下垂，无周缘蜡丝，背面有17对粗壮的刚毛或无毛，有2根尾刚毛，在分类上，伪蛹的主要特征为瓶形孔长三角形，舌状突长匙状，顶部三角形，具有1对刚毛，尾沟基部有57个瘤状突起。成虫主要寄生于叶背面，体淡黄白色，翅2对，白色，被蜡粉无斑点，体长0.85~0.91 mm，比温室白粉虱小，前翅脉1条不分叉，静止时左右翅合拢呈屋脊状，脊背有一条明显的缝。烟粉虱既可有性生殖，也可孤雌生殖，孤雌生殖时，只产生雄虫，有性生殖产生雄虫和雌虫。

烟粉虱首先报道于1889年在希腊的烟草上发现，命名为烟粉虱。虽然烟粉虱首先报道于希腊，但关于烟粉虱的真正起源还不确定，有证据表明烟粉虱起源于亚洲、非洲或是中东，也有人认为烟粉虱起源于巴基斯坦或印度。烟粉虱在我国大部分地区都有分布，内蒙古大部分地区都有分布，主要见于温室大棚中。

很长一段时间烟粉虱不是我国主要的经济害虫。1976年温室白粉虱在北京地区大暴发以来，我国北方均以温室白粉虱危害为主，但近些年粉虱种群数量出现了明显的变化，不论南北，烟粉虱都有暴发之势。我国危害最严重的是B型（中东—小亚细亚1隐种MEAM1）和Q型（地中海隐种MED）烟粉虱，二者都可以传播番茄黄化曲叶病毒，主要危害十字花科、茄科、葫芦科、豆科等400多种植物，危害初期，植株叶片出现白色小点，沿叶脉变为银白色，后发展至全叶呈银白色，如镀锌状膜，光合作用受阻，严重时植株除心叶外的多数叶片布满银白色膜，导致植株生长缓慢，叶片变薄，叶脉、叶柄变白发亮，呈半透明状。幼瓜、幼果受害后变硬，严重时脱落，植株萎缩。烟粉虱以成虫，若虫刺吸植株使其长势衰弱，叶片呈银叶症状，产量和品质下降，同时还分泌蜜露，引发煤污病，发生严重时，叶片呈黑色，严重影响植株光合作用和花卉观赏效果，甚至整株死亡。烟粉虱可传播30种植物上的70多种病毒病。烟粉虱发育速率快、繁殖率高，具有极强的暴发性。

烟粉虱成虫及卵

烟粉虱成虫及蛹壳

烟粉虱雌虫(稍大)与雄虫(稍小)

烟粉虱危害叶片

美洲斑潜蝇

双翅目　潜蝇科

Liriomyza sativae Blanchard

美洲斑潜蝇别名为蔬菜斑潜蝇、蛇形斑潜蝇、甘蓝斑潜蝇等。成虫体长1.3~2.3 mm，浅灰黑色，胸背板亮黑色，体腹面黄色，雌虫体比雄虫大。幼虫蛆状，初无色，后变为浅橙黄色至橙黄色，长3 mm，后气门突呈圆锥状突起，顶端三分叉，各具1开口。卵米色，半透明，大小（0.2~0.3）mm×（0.1~0.15）mm。蛹椭圆形，橙黄色，腹面稍扁平，大小（1.7~2.3）mm×（0.5~0.75）mm。

美洲斑潜蝇原分布在巴西、加拿大等美洲地区。1994年在我国海南首次发现，后逐渐已扩散到广东、云南、四川、山东、河北、北京、天津等20多个省份。内蒙古大部分盟市都有分布，主要见于设施农业及温室大棚内。

美洲斑潜蝇是典型的多食性害虫，已知寄主涉及100多种植物，葫芦科、豆科是主要寄生作物。美洲斑潜蝇世代短，繁殖能力强，每世代夏季2~4周，冬季5~8周，幼虫期为4~7天，蛹期为7~14天，成虫寿命为7~15天。美洲斑潜蝇雌成虫用产卵器把植物叶片正面刺伤，吸食汁液并产卵；幼虫孵化后潜入叶片和叶柄取食叶肉，产生不规则蛇形白色虫道，叶片叶绿素被破坏，影响光合作用，受害重的叶片干枯脱落，造成花芽、果实被灼伤，严重的造成毁苗。其对菜豆、黄瓜、番茄、甜菜、辣椒、芹菜等蔬菜作物造成较大危害，一般减产达25%左右，严重的可减产80%，甚至绝收。

美洲斑潜蝇形态与南美斑潜蝇形态相似，美洲斑潜蝇的成虫通常具有亮黑色的身体，额头鲜黄色，翅膀上有明显的黑黄交界处。其小盾片较大且鲜黄色，而成虫会在隧道外部化蛹。幼虫以叶片组织内取食危害，形成的不规则弯曲蛇形蛀道主要出现在叶面上，影响植物的叶片光合作用，可能导致叶片早衰、变黄或枯死，从而影响作物产量和质量。南美斑潜蝇的成虫也是亮黑色，额头黄色，内外顶鬃都着生于黑色区域。其小盾片颜色介于黄色至浅黄色之间，且较小而颜色较淡。成虫同样会在隧道外部化蛹。幼虫取食时形成的蛀道不仅在叶面上可见，也在叶背上有所体现。南美斑潜蝇特别喜欢对花卉如满天星和烟草造成伤害。

美洲斑潜蝇成虫

美洲斑潜蝇幼虫

美洲斑潜蝇蛹

美洲斑潜蝇危害叶片（菜豆）

美洲斑潜蝇危害严重的叶片

美洲斑潜蝇危害严重的植株（番茄）

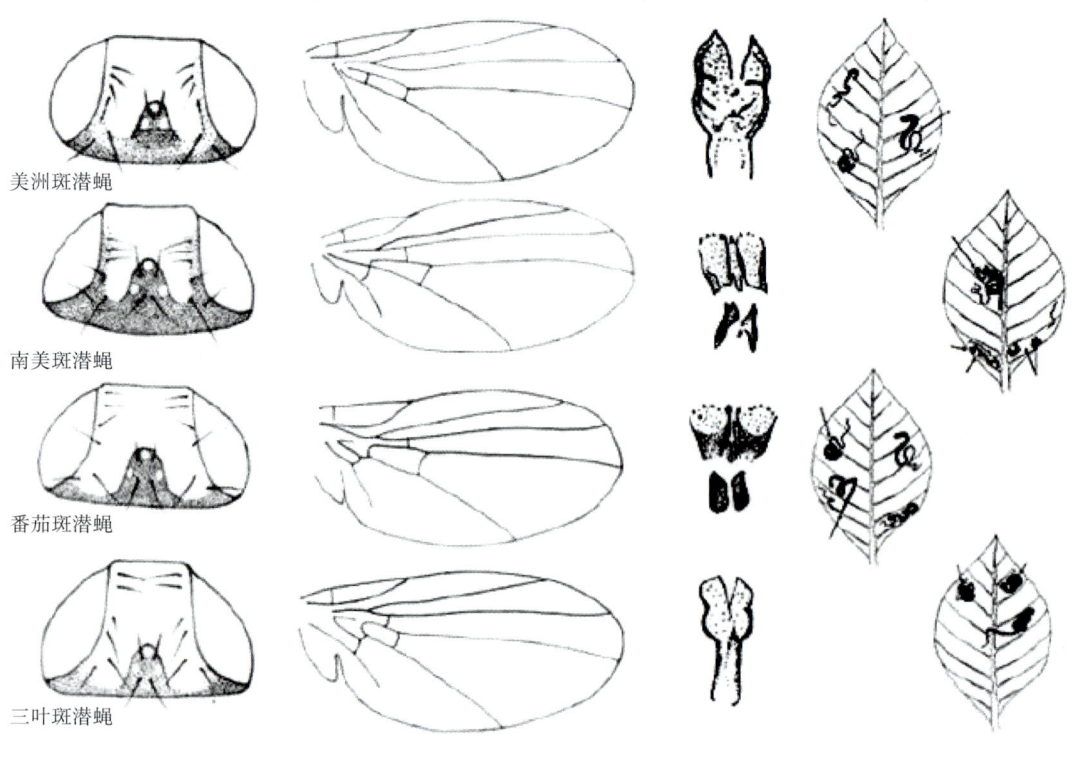

不同斑潜蝇种类的区别

蜱螨目　叶螨科

二斑叶螨

Tetranychus urticae Koch

二斑叶螨又名白蜘蛛，雌成螨体长0.42～0.59 mm，椭圆形，体背有刚毛26根，排成6横排。生长季节为白色、黄白色，体背两侧各具1块黑色长斑，取食后呈浓绿色、褐绿色；当密度大，或种群迁移前体色变为橙黄色。在生长季节绝无红色个体出现。滞育型体呈淡红色，体侧无斑。与朱砂叶螨的最大区别为在生长季节无红色个体，其他均相同。雄成螨体长0.26 mm，近卵圆形，前端近圆形，腹末较尖，多呈绿色。卵球形，长0.13 mm，光滑，初产为乳白色，渐变橙黄色，将孵化时现出红色眼点。幼螨初孵时近圆形，体长0.15 mm，白色，取食后变暗绿色，眼红色，足3对。前若螨体长0.21 mm，近卵圆形，足4对，色变深，体背出现色斑。后若螨体长0.36 mm，与成螨相似。

二斑叶螨是一种几乎遍布于全世界的害螨。主要寄主为蔬菜、大豆、花生、玉米、高粱、苹、梨、桃、杏、李、樱桃、葡萄、棉、豆等多种作物和近百种杂草。二斑叶螨在南方发生20代以上，在北方12～15代。在北方以受精的雌成虫在土缝、枯枝落叶下或小旋花、夏至草等宿根性杂草的根际等处吐丝结网潜伏越冬。在树木上则在树皮下，裂缝中或在根茎处的土中越冬。当3月份平均温度达10℃左右时，越冬雌虫开始出蛰活动并产卵。越冬雌虫出蛰后多集中在早春寄主如小旋花、葎草、菊科、十字花科等杂草和草莓上危害，第一代卵也多产这些杂草上，卵期10余天。成虫开始产卵至第1代幼虫孵化盛期需20～30天，以后世代重叠。在早春寄主上一般发生一代，于5月上旬后陆续迁移到蔬菜上危害。由于温度较低，5月份一般不会造成大的危害。随着气温的升高，其繁殖也加快，在6月上、中旬进入全年的猖獗危害期，于7月上、中旬进入年中高峰期。二斑叶螨在我国大部分地区都有分布，在内蒙古大部分盟市都有分布，锡林郭勒盟主要见于温室大棚中，野外及大田中不常见。

二斑叶螨主要危害植物叶片，被害叶初期仅在叶脉附近出现失绿斑点，以后逐渐扩大，叶片大面积失绿，变为褐色。螨口密度大时，被害叶布满丝网，提前脱落。二斑叶螨具有很高的抗药性，药剂防治比较困难，同时该螨还具有更强的种间竞争能力，当与其他种叶螨混合发生时，会逐渐取代后者，一旦传入便会取代其他害螨，成为当地蔬菜、作物和果树上的优势种。

二斑叶螨成虫

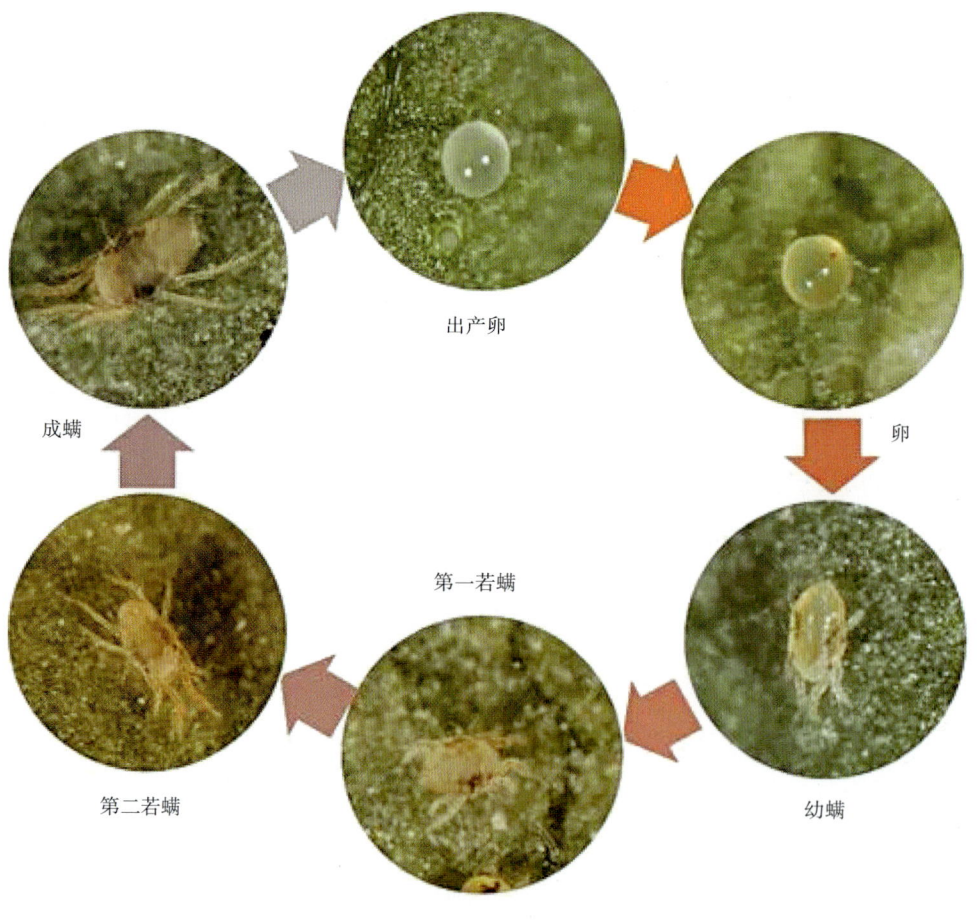

二斑叶螨不同生育期

二斑叶螨在叶片上不同生育期

二斑叶螨在草莓叶片上

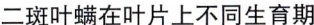
二斑叶螨危害严重的叶片（温室西瓜）

西花蓟马

缨翅目　蓟马科

Frankliniella occidentalis（Pergande）

西花蓟马又名苜蓿蓟马、西方花蓟马，在分类学上隶属于花蓟马属。西花蓟马成虫有触角8节，第二节顶点简单，第三节突起或轻微扭曲。身体颜色从红黄到棕褐，腹节黄色，通常有灰色边缘。腹部第八节有梳状毛。头，胸两侧常有灰斑。眼前刚毛和眼后刚毛等长；前缘和后角刚毛发育完全，几等长。翅发育完全，边缘有灰色至黑色缨毛；在翅折叠时，可在腹中部下端形成1条黑线，翅上有2列刚毛。卵长2 mm，白色，多肾形。若虫黄色，眼浅红。雄成虫体长0.9~1.1 mm；雌成虫略大1.3~1.4 mm。

蓟马的种类繁多，全世界已知大约有5 000多种，其中对植物造成严重危害的种类大约仅占蓟马总数的1%，西花蓟马就是其中的一种。西花蓟马原产于北美洲，1955年首先在夏威夷考爱岛被发现，曾是美国加州最常见一种蓟马。20世纪80年代后，该虫对不同环境和杀虫剂抗性增强，逐渐向外扩展。1990年后扩展至亚洲。分布遍及美洲、欧洲、亚洲、非洲、大洋洲。我国于2009年首次在北京发现，后迅速扩展到云南、贵州、浙江，山东、湖南等地。内蒙古中西部地区有分布，锡林郭勒盟主要见于保护地中。

西花蓟马食性杂，目前已知其寄主植物多达500余种。繁殖能力强。温室内稳定的温度下，1年可连续发生12~15代。从卵到成虫只需14天左右。在寄主植物上发育迅速，且繁殖能力极强。西花蓟马对农作物有极大的危害性。该虫以锉吸式口器取食植物的茎、叶、花、果，导致花瓣褪色、叶片皱缩，茎和果则形成伤疤，最终可能使植株枯萎，同时还传播番茄斑萎病毒在内的多种病毒。1997年西花蓟马列入我国《中华人民共和国进境植物检疫潜在危险性病、虫、杂草名录（试行）》，2023年3月，农业农村部公布《一类农作物病虫害名录（2023年）》，西花蓟马入选害虫名录。

西花蓟马远距离扩散主要依靠人为因素。种苗、花卉及其他农产品的调运，尤其是切花运输及人工携带是其远距离传播的主要方式。其生存能力强，经过辗转运销到外埠后西花蓟马仍能存活。另外，该害虫很容易随风飘散，易随衣服、运输工具等携带传播。

西花蓟马成虫　　　　　　　　　西花蓟马雌虫与雄虫

西花蓟马卵

西花蓟马若虫和蛹　　　　　　　西花蓟马危害黄瓜

南美斑潜蝇

Liriomyza huidobrensis Blanchard

双翅目　潜蝇科

南美斑潜蝇成虫翅长1.7~2.25 mm。中室较大，额明显突出于眼，橙黄色，上眶稍暗，内外顶鬃着生处暗色，上眶鬃2对，下眶鬃2对，颊长为眼高的1/3，中胸背板黑色稍亮。后角具黄斑，背中鬃2+1，中鬃散生呈不规则4行，中侧片下方1/2~3/4甚至大部分黑色，仅上方黄色。足基节黄色具黑纹，腿节基本黄色但具黑色条纹直到几乎全黑色，胫节、跗节棕黑色。幼虫体白色后气门突具6~9个气孔开口。雄性外生殖器：端阳体与骨化强的中阳体前部体之间以膜相连，呈空隙状，中间后段几乎透明。精泵黑褐色，柄短，叶片小，背针突具1齿。蛹初期呈黄色，逐渐加深直至呈深褐色，比美洲斑潜蝇颜色深且体形大。后气门突起与幼虫相似。

南美斑潜蝇原生分布于北美洲南部和南美洲。近年已蔓延到欧洲和亚洲。1994年我国随引进花卉该虫进入云南昆明，从花卉圃场蔓延至农田。现云南、贵州、四川、青海、山东、河北、北京等省份已有分布，南美斑潜蝇是多食性害虫，寄主有16科287种植物，其中包括芹菜、莴苣、茼蒿、甜菜、菠菜、瓜类（黄瓜、丝瓜、南瓜、苦瓜、西葫芦等）、豆类（菜豆、豇豆、豌豆、蚕豆、扁豆等）、洋葱、大蒜、花椰菜、甘蓝、辣椒、番茄、烟草、马铃薯、苜蓿、亚麻、康乃馨、香豌豆、菊、万寿菊、夹竹桃、旱金莲、曼陀罗、矮牵牛等。南美斑潜蝇喜食芹菜，较少危害番茄、辣椒、茄子等，与美洲斑潜蝇不同，是危险性特大的检疫对象。南美斑潜蝇幼虫在主脉或侧脉附近或沿叶脉蛀成隧道。幼虫不仅蛀食叶肉上层栅栏组织，也蛀食下层海绵组织。虫道常开口于叶片正面，幼虫取食几厘米后转向叶片背面，因而从叶面看隧道往往不完整。黑色虫粪在隧道两侧交替排列。虫龄较大时，叶背隧道更明显。初期形成蛇形隧道，后期若干隧道可连成一片，形成模糊的取食斑，此点也不同于美洲斑潜蝇。老熟幼虫由隧道脱出化蛹。成虫取食和产卵均在叶片上刺成很多小孔，小孔近圆形，针尖大小。

第二篇　外来入侵病害与害虫

南美斑潜蝇蛹

南美斑潜蝇成虫

南美斑潜蝇取食菜豆形成的虫道

第三篇
外来入侵水生动物

锡林郭勒盟外来入侵物种图鉴

豹纹脂身鲶

甲鲶科　下口鲶属

Pterygoplichthys pardalis Castelnau

豹纹脂身鲶又名豹纹翼甲鲶、清道夫鱼，体长25～40 cm，野生环境中最大体长可达50 cm，一般体长约28 cm，全身灰黑色或淡褐色，并布满黑色斑点，身体呈半圆筒形，被盾鳞包裹，体表粗糙。

其头部扁宽，有两个突出的眼睛和下位口腔，嘴位于头部下侧，侧宽，口部具有锐利的隆起口腹位，带有乳头突，形成吸盘状。口盘的宽度类似于眼睛间的距离。唇部中等大小，内表面布满许多小乳突。

其背部呈浅弧形，腹部平直。身体覆盖着多边形的骨板，排列成行，胸部可能裸露或有小型的骨板，骨板分节排列。背鳍和胸鳍发达，背鳍具有7根鳍梁，均具有1根棘，胸腹棘刺能在陆地上支撑身体和爬行。尾鳍形状为浅叉形，细长，状如飞机，所以又称飞机鱼。

雄鱼背体窄，倒刺硬而粗糙，体色较深发黑，胸鳍长而尖，胸鳍有追星。雌鱼背体宽，倒刺软而柔滑，体色较淡不发黑，胸鳍短而圆。

豹纹脂身鲶属热带杂食性底层鱼类，生长适温23～28℃，适应性强，喜欢弱酸性水，有吸盘，常吸附于池壁四周，舔食残渣剩饵，因而得名豹纹脂身鲶。耐低氧能力强，易养殖；成鱼体长达到30 cm，活动于水体的底层，豹纹脂身鲶对光敏感，有惧光性。晚上在远处用灯光照射池壁上吸伏的豹纹脂身鲶，只要光线照到，即使没有任何响动，也会快速潜入水底，躲避光线。属杂食性鱼类，以鱼的粪便，藻类，小型甲壳动物，养分丰富的腐殖质，以及其他鱼类的卵为食，也能大量吞食其他鱼类的鱼苗。

原产南美洲，广泛分布于亚马孙河流域。1893年，开始作为观赏鱼的一种，出现在水族馆贸易中；20世纪60年代和70年代，该物种成为最常见的观赏鱼之一，因其在水族馆贸易中非常受欢迎，20世纪80年代时，新加坡和我国香港已经用池塘人工养殖。此外，因其以藻类为食，它们也被引入墨西哥的巴尔萨斯盆地，以控制大型植物和藻类。我国于1980年引入，现广布于广东、湖北、台湾、广西、陕西、四川、重庆、江苏、江西、海南、安徽、上海、浙江、福建、云南、吉林等地。锡林郭勒盟主要出现在鱼宠市场，因存在放生行为，在城市公园水体及人工湖泊偶有发现，因我盟气候寒冷无法在自然环境越冬。2014年8月20日，豹纹脂身鲇列入《中国外来入侵物种名单》（第三批）的18个有害物种之一。2023年1月列入我国《重点管理外来入侵物种名录》。

豹纹脂身鲇

豹纹脂身鲇背部

豹纹脂身鲇腹部

鳄雀鳝 > *Atractosteus spatula* Lacépède

雀鳝目 鳝科

鳄雀鳝又称福鳄、大雀鳝。鱼体呈青灰色，带有暗黑色斑纹，嘴与其他雀鳝种类相比要短一些，比较宽大。鼻孔跟喉咙相通，吻部特别长、长着一排针状尖牙。鱼鳞呈菱形，大而硬，背部中间点缀有不同深浅的伪装黑色，也有浅色金白斑混合期间。背鳍、尾鳍和臀鳍有黑点，大多是橄榄绿色或灰色，而臀鳍和胸鳍一般都是灰白色或白色。翅片，特别是腹部，腹鳞通常具有红粉色色调。背、臀鳍相对并位于体后部，无脂鳍，各鳍无硬刺。侧线完全。鳔有鳔管与食道背部相连，鳔多分室，形如肺，鳔壁密布微血管，可进行气体代谢。鳄雀鳝体长一般为1.2～1.8 m，体重45～72 kg，雌性比雄性略大，最大能长到3 m，是现存7种雀鳝中体型最大的一种。鳄雀鳝每年5—8月交配产卵，雌鱼每次产下14万～20万枚卵，但只有极少数侥幸躲过天敌成功孵化，卵呈淡绿色，为黏性，黏附于水草或砾石上，孵化期6～8天，雄性6岁左右性成熟，雌性则长达11年，寿命26～50年，最高纪录75年。

  鳄雀鳝主要分布在从墨西哥到美国佛罗里达州的墨西哥湾沿岸河流和河口水域，密苏里河和俄亥俄河下游及尼加拉瓜境内的2个湖泊，常栖息于在河流下游、河口地带以及小的湖泊中，主要以其他鱼类为食，也吃蟹类、虾类、龟类、鸟类以及小型哺乳动物。鳄雀鳝是北美洲特有淡水巨型食肉鱼，在地球上已生存1亿多年，现在仅见于北美东侧、中美

人工养殖的鳄雀鳝

和古巴。我国部分地区将鳄雀鳝作为观赏鱼类引进，在养殖过程中由于管理不善或人为放生等原因逃逸野外，2022年先后在北京、昆明、河南、上海、湖南、广西、海口等地有发现报道。内蒙古乌海市于2022年10月在乌海湖中捕获一只鳄雀鳝，这是内蒙古首次发现野生鳄雀鳝。锡林郭勒盟主要作为观赏鱼引进，分布于鱼宠店及饭店中。

鳄雀鳝食量大且食性杂，在栖息的水域内很少有其他鱼类生存，可严重影响入侵水域的生态系统。但其不耐低温，在北方自然水域无法越冬，人为放生等行为应引起重视。2023年1月，鳄雀鳝被列入《重点管理外来入侵物种名录》。

自然水域捕获的鳄雀鳝

鳄雀鳝锋利的牙齿

红耳彩龟 > *Trachemys scripta elegans*（Wied）

龟鳖目　泽龟科

红耳彩龟又名巴西龟、红耳龟，是泽龟科彩龟属彩龟的一个亚种。成体长椭圆形，背甲平缓隆起，脊棱明显，后缘呈锯齿状。头宽大，吻钝头颈部有黄绿相间的纵纹，眼后两侧各有1长条形红色斑块。头和颈侧面、腹面夹有黄绿线状条。眼中等大，颈短而粗。全身颜色多样，色彩斑斓，背甲翠绿色，每块盾片上具有黄绿镶嵌的圆环状斑纹；腹甲平坦，淡黄色，具有规则排列、似铜钱图案的黑色圆环纹。四肢粗短，趾间具发达的蹼。前肢5爪、后肢4爪。尾适中。龟苗时期色泽鲜艳醒目，全身布满黄绿镶嵌、粗细不匀的条纹和图案，随着个体长大，颜色、图案逐渐变淡。雄龟个体小，躯干长，前肢的爪子较长，尾基部较粗，泄殖孔距腹甲后缘较远；雌龟个体大，躯干短而厚，前肢的爪子较短，尾细且短，泄殖腔孔距腹甲后缘较近。

红耳彩龟原产于美国密西西比河沿岸及北美洲等一些国家，是世界公认的生态杀手，已经被世界环境保护组织列为100多个最具破坏性的物种之一，多个国家已将其列为危险

红耳彩龟背部

性外来入侵物种之一。我国1987年引种，曾有大量养殖，在温暖地区的大部分自然水体中都有发现，在北方寒冷地区比较少见。我盟大部分地区有养殖，主要作为观赏宠物，因存在放生行为，在城市公园水体及人工湖泊偶有发现。

红耳彩龟侧面

红耳彩龟头部

红耳彩龟最适温度为20～32℃，11℃以下冬眠，6℃以下为深度冬眠。属杂食性动物，是自然界的野生龟类，多半以肉食为主。红耳彩龟的适应能力极强，繁殖能力强，在新的栖息地会与本土的乌龟抢夺食物，严重威胁本土乌龟的生存，影响生物多样性。2014年8月20日，红耳彩龟列入《中国外来入侵物种名单》（第三批）的18个有害物种之一。2023年1月列入我国《重点管理外来入侵物种名录》。

尼罗罗非鱼

慈鲷科　罗非鱼属

Oreochromis niloticus L.

尼罗罗非鱼俗称"非洲鲫鱼"，体长卵圆形，侧扁，尾柄较短。头略大，背缘稍凹。吻钝尖，吻长大于眼径。口端位。上、下颌几乎等长；上颌骨为眶前骨所遮盖。上、下颌齿细小，3行。眼中等大，侧上位。眼间隔平滑，显著大于眼径。鼻孔细小。前鳃盖骨边缘无锯齿，鳃盖骨无棘。鳃耙细小，基部较宽，末端尖锐。下咽骨密布细小齿群。体侧有9～10条黑色的横带，成鱼较不明显。背鳍鳍条部有若干条由大斑块组成的斜向带纹，鳍棘部的鳍膜上有与鳍棘平行的灰黑色斑条，长短不一；臀鳍鳍条部上半部色泽灰暗，较下部为甚；尾鳍有6～8条近于垂直的黑色条纹。雄鱼的背鳍和尾鳍边缘有1条狭窄的灰白色带纹。

尼罗罗非鱼常栖息于水体中下层，最适生长温度为28～32℃，繁殖水温20℃以上。对环境适应能力很强，耐低氧；能生活在淡水和低盐度海水水体中。杂食性，食性广，幼鱼主要摄食浮游生物。尼罗罗非鱼在适温条件下，约6个月达到性成熟。为多次产卵类型，雄鱼营巢挖窝，雌鱼含卵口孵鱼苗。

原产尼罗河流域，分布地：塞内加尔、冈比亚、尼日尔、乍得等，目前有100多个国家和地区有养殖记录。1978年长江水产研究所首次从尼罗河引进我国后，尼罗罗非鱼迅速在全国各地推广养殖，成为罗非鱼养殖的主要品种。北方地区利用电厂余热养殖罗非鱼，目前内蒙古已有该模式养殖，锡林郭勒盟主要以市场销售为主，未见野生逃逸。

尼罗罗非鱼作为罗非鱼中的主要养殖品种，和其他罗非鱼一样，具有极强的环境适应能力，且由于养殖逃逸以及管理不善，使尼罗罗非鱼在中国逐渐野化，成为常见的外来入侵物种之一，在我国南方成为淡水领域的新霸主。目前在广东省境内的主要河流均有尼罗罗非鱼野生个体的存在，并且建立了自然种群。尼罗罗非鱼种群数量的激增，会造成严重的生态问题，罗非鱼繁殖能力和适应能力强，会与本土鱼竞争食物资源，影响本土鱼类的生存和繁殖。罗非鱼还会捕食本土鱼类的鱼卵及幼鱼，影响本土鱼类生存和种群的延续，这会导致渔业捕捞量和渔民收入的降低。罗非鱼食量巨大会影响水中浮游动植物的种类和数量，且罗非鱼还有挖掘和扰动行为，会引起水体的浑浊，导致水质进一步的恶化。

尼罗罗非鱼形态

尼罗罗非鱼口含卵

第四篇

极易发生的病虫害

锡林郭勒盟外来入侵物种图鉴

桃缩叶病　　Peach leaf curl

桃缩叶病是由畸形外囊菌侵染所引起的、发生在桃上的病害。畸形外囊菌学名：*Taphrina deformans*（Berk.）Tul.，中文名：畸形外囊菌、桃缩叶病菌、桃外囊孢菌，同种异名：*Ascosporium deformans* Berk，真菌门（Fungl）子囊菌亚门（Ascomycotina）外囊菌纲（Taphrinomycetes）外囊菌目（Taphrinales）外囊菌科（Taphrinaceae）外囊菌属（*Taphrina*）。

桃缩叶病引起果实与叶片皱缩

桃缩叶病引起果实与叶片皱缩

  桃缩叶病主要危害叶片，严重时也可以危害花、幼果和新梢。嫩叶刚伸出时就显现卷曲状，颜色发红。病害流行年份引起春梢的叶片大量早期枯死，不仅影响当年产量，且常引起二次萌芽展叶，削弱树势，对翌年的产量也有不良影响，严重的甚至引起植株过早衰亡。

  桃缩叶病是常见病害，中国各地均有发生，主要发生在春季畸形外囊菌的单核孢子萌发时，细胞核发生分裂，形成的2个核进入芽管，芽管从寄主植物的嫩枝和叶的表皮或气孔侵入。在菌丝生长过程中，细胞内的2个核双核并裂形成双核菌丝体。

菌丝体在寄主叶组织内扩展，刺激叶片栅栏和海绵组织增生和增大，细胞壁变厚，细胞内的叶绿体遭到破坏，叶片表面表现皱缩、肥肿，变为黄褐色或红色等症状。在寄主角质层下的双核菌丝体的部分细胞转化为厚壁的产囊细胞，双核在产囊细胞发生核配后立即进行一次有丝分裂，随后产生1个隔膜将产囊细胞内的两个2倍体核隔开。下部的细胞为足细胞，上部的为子囊母细胞。畸形外囊菌子囊母细胞发育形成子囊与子囊孢子的过程与其他子囊菌相似。子囊形成后突破寄主角质层，呈栅栏状排列形成子实层。此时叶片表面形成灰白色粉蜡层，即病菌的子囊层。幼枝受害也表现变粗等畸形。它的无性繁殖是子囊孢子进行芽殖产生分生孢子，因此一个子囊内有多个孢子。畸形外囊菌是以子囊孢子或分生孢子在桃枝或芽苞的鳞片内外越夏和越冬，到翌年春天侵染危害。畸形外囊菌只能侵染幼嫩的枝叶，由于一年只侵染一次，很少引起再次侵染，所以只要在桃芽萌动前喷药，消灭桃枝和芽上的病菌，就很容易得到防治。

小麦腥黑穗病 Stinking smut of wheat

小麦腥黑穗病是由小麦网腥黑粉菌 *Tilletia caries*（DC.）Tul. 或小麦矮腥黑粉菌 *Tilletia controversa* Kuhn引起的、发生在小麦的病害。主要危害穗部，发病植株严重矮化，株高一般只有健株的一半以下，个别小蘖感病后紧贴地面，高度不足15 cm；分蘖增加，一般比健株增加50%以上，病穗比正常健穗宽且长，颜色深，初为灰绿，后为灰黄；小穗紧密，穗部扭曲，颖壳麦芒外张，露出部分病粒，病粒较健粒短粗，后变灰黑，包外一层灰包膜，内部充满黑色粉末，有鱼腥味。

小麦腥黑穗病是小麦种植过程中的常见病害之一，其对于小麦的产量有严重影响，该病害在世界各地均有出现，因为其危害性大、影响范围广，所以一直受到人们的广泛关注。该病一般可造成减产10%~30%，严重的减产达50%以上，甚至绝收，人畜食用带该病的面粉及麦粒还会引起中毒死亡。

危害症状

番茄细菌性叶斑病 Tomato bacterial leaf spot

番茄细菌性叶斑病是由丁香假单胞菌番茄叶斑病致病型（*Pseudomonas syringae* pv. *tomato*）引起的、发生在番茄上的病害。主要为害叶、茎、花、叶柄和果实，尤以叶缘及未成熟果实最明显。叶片发病产生深褐色或黑色小点，周围多有黄色晕圈。茎染病也产生黑色斑点，但一般无晕圈。果实发病，初现稍隆起的绿色小点，后绿色小点变为褐色、凹陷。

γ-变形菌纲（Ga毫米aproteobacteria）假单胞菌目（pseudomonadales）假单胞菌科

（pseudomonadaceae）假单胞菌属（*Pseudomonas*）番茄细菌性叶斑病菌。

病原菌主要以带病种子越冬也可随病株残余组织遗留在田间越冬，病菌在干燥的残余组织内可长期成活，并成为翌年初侵染源。田间发病后，病原细菌通过雨水反溅、雨露或保护地棚内浇水等传染途径，在植株表面具水滴或水膜的条件下，从植株自然气孔或伤口侵入。

病菌喜温暖潮湿的环境，适宜发病的温度范围18～28℃，主要发病盛期在春季3—5月。发病的年份多为早春温度偏高、多雨，保护地处在地势低洼、排水不良、浇水使用河道污水、关棚时间过长等因素造成。

叶片染病：产生深褐色至黑色不规则斑点，直径2～4 mm，斑点周围有时会出现黄色晕圈。发病中后期病斑变为褐色或黑色，如病斑发生在叶脉上，可沿叶脉连续串生多个病斑，叶片因病致畸。

叶片发病初期

茎染病：初始产生水渍状小点，扩大后病斑暗绿色，圆形至椭圆形，病斑边缘稍隆起，呈疮痂状。

花蕾染病：在萼片上形成许多黑点，连片时，使萼片干枯，不能正常开花。

果实和叶柄染病：初始产生水渍状小斑点，稍大后病斑呈褐色，圆形至椭圆形，逐渐扩大后病斑转成黑色，中央形成木栓化疮痂。

叶片发病中后期

果实出现斑点

辣椒细菌性叶斑病 > Pepper bacterial leaf spot

辣椒细菌性叶斑病是由丁香假单胞杆菌适合致病型 *Pseudomonas syringae* pv. *aptata*（Brown et Jamieson）Young Dye & Wilkie引起的、发生在辣椒的病害。

辣椒细菌性叶斑病是由丁香假单胞杆菌适合致病型引起的、发生在辣椒的病害，主要危害叶片。叶片染病，初呈黄绿色水渍状不规则小斑，后扩大为红褐色斑，斑面隐现云纹，病斑膜质，大小不等，手摸斑面无粗糙感。条件适宜时，该病发展速度很快，严重的致使植株叶片大部脱落。细菌性叶斑病病健交界处明显，但不隆起，区别于辣椒疮痂病。

辣椒细菌性叶斑病是辣椒保护地生产中的一种重要病害，部分地区分布，可引起辣椒大量落叶、落果、落花，发病率10%～30%，严重时病株达60%以上。雨后易发病，高温高湿蔓延快。排水不良，土壤贫瘠缺肥的地块，发病重。病菌主要随病残体在地上

叶片发病症状

及种子上越冬，借雨水及昆虫传播，从气孔侵入。病菌生长发育最低温度5℃，最适温度27~30℃，最高40℃。田间温度在20℃以上和阴雨天气，病害发生严重。

果实发病症状

番茄细菌性溃疡病 》 Bacterial canker and wilt of tomato

番茄细菌性溃疡病是由密执安棒形杆菌密执安亚种 *Clavibacter michiganense* subsp. *michiganense*（Smith）Davies et al.引起的一种重要的细菌病害，主要引起番茄叶片坏死、茎杆开裂、溃病、植株整株枯死等。

病原为好氧细菌，革兰氏染色阳性，无芽孢，棒杆状。细胞大小为（0.6~0.7）μm×（0.7~1.2）μm，以单个或成对方式存在。碳水化合物氧化代谢，不解脂，硝酸盐还原阴性，尿酶阴性，明胶液化慢，水解七叶苷，水解淀粉能力很弱或不水解。生长需要氨基酸、生物素、烟酸和硫胺素。生长温度范围1~33℃，最适温度是24~27℃，

53℃ 10 min致死。在D2和TTC培养基上生长。在马铃薯片上生长的菌落为镉黄色。在523培养基上28℃培养，72 h后出现针尖状菌落，96 h菌落直径达1 mm，黄色、圆形、略突起、边缘整齐、光滑不透明、黏稠状。

寄主植物为番茄、龙葵、裂叶茄及其他茄科杂草。接种寄主有树番茄、醋栗、番茄、心叶烟、乳茄、马铃薯、小麦、大麦、黑麦、燕麦、向日葵、西瓜、黄瓜。

番茄溃疡病是一种维管束系统病害，病株从幼苗到坐果期都可发生萎蔫和死亡，大田定植后造成缺株断垄。病菌可通过维管束侵入果实，造成果实皱缩、畸形，由外部侵染果实引起"鸟眼状"斑点，影响番茄的产量和质量，危害十分严重。

在温室条件下，最初的症状是叶片表现出可逆的萎蔫，在叶片的叶脉之间产生白色。以后是褐色的坏死斑点，最后表现出永久性萎蔫，致使整株干枯死亡。

在田间，最初的症状主要是低位叶片小叶的边缘出现卷缩、下垂、凋萎，似缺水状。细菌未达到的部位，其枝叶生长正常。植株枯萎很慢，一般不表现出萎蔫。有些情况下，植株一侧或部分小叶出现萎蔫，而其余部分生长正常。病情继续发展，叶脉和叶柄上出现小白点，在茎和叶柄上出现褐色条斑、下陷向上下扩展，并且爆裂，露出变成黄色到红褐色的髓腔，出现溃疡症状。细菌通过维管束侵染果实，也可侵染胎座和果肉，幼嫩果实发病后皱缩、滞育、畸形。这种果实内的种子很小、黑色、不成熟。正常大小的果实感病后外观正常，偶尔有少数种子变黑或有黑色小点，其发芽率仍然很高。在暴风雨多的地区或喷灌条件下，果实上往往出现白色圆形小点，扩展后变为褐色、中心粗糙、略微突起，直径约3 mm，斑点边缘围绕着白色晕圈，呈典型的"鸟眼状"。许多小斑点可连合成不规则的斑块，但仍有白色的晕圈。

番茄细菌性溃疡病最早于1909年在美国密歇根州被首先发现后，20世纪30年代、60年代和80年代，番茄溃疡病在美国中西部地区、北卡罗来纳州及加拿大安大略地区大流行，造成的产量损失最高达80%以上。番茄溃疡病在美洲、欧洲、亚洲、非洲和大洋洲等60多个国家都有番茄溃疡病发生的报道。我国有关番茄溃疡病的记载始于1954年，1985年在北京平谷和延庆首先发现该病。番茄溃疡病在我国北京、黑龙江、吉林、辽宁、内蒙古、新疆、河北、山西、山东、广西、云南、上海、海南等省份都有发生，使许多地区番茄生产受到了不同程度的影响。因此，我国1995年将该病原菌列入《全国植物检疫对象名单》。

番茄溃疡病自1910年在美国首次报道以来，在世界上很多国家都有发生它引起幼苗死亡和损害果实，对番茄的温室和大田生产造成了严重的损失。在美国的密歇根州、纽约州、佐治亚州和犹他州都有大发生的报道，在美国北卡罗来纳州，有的年份减产70%。1943—1946年在英国大发生，严重影响了番茄的罐头工业。1991年法国因该病发生番茄减产20%~30%。我国因番茄溃疡病使番茄产量损失25%~75%。

番茄细菌性溃疡病菌致病情况

马铃薯纺锤块茎类病毒病

Potato spindle tuber viroid

马铃薯纺锤块茎类病毒病病原为马铃薯纺锤形块茎类病毒科（*Pospiviroidae*）、马铃薯纺锤形块茎类病毒属（*Pospiviroid*）引起的马铃薯病害。该病毒是一种具有侵染性、无外壳蛋白、高度碱基配对的棒状共价闭合环状单链小的RNA分子。其分子量只有80 000～90 000 Da。用电子显微镜进行研究，表明马铃薯纺锤块茎类病毒的核酸为2条单链的RNA组成的，一种呈线形，另一种呈环形，其分子量大小不同，线形分子的分子量是110 000 Da，而环形的是137 000 Da。马铃薯纺锤块茎类病毒的致死温度是75～80℃，用石炭酸处理的制备物致死温度是90～100℃。体外保毒期3～5天。

自然寄主为马铃薯、番茄、鳄梨、香瓜茄、曼陀罗、素馨叶白英、蓝花茄、扭管花和灯笼果。可人工接种天仙子、心叶烟、矮牵牛、黄花烟等茄科寄主31个属94种，但常常不显症。

马铃薯纺锤块茎类病毒病可发生在植株生长发育的任何阶段，表现出多种症状，主要危害地上茎、实生种子和块茎。在开花之前，蔓上症状很少出现。茎和花梗变得细长、挺直。小的嫩叶边缘向上卷，形成凹槽状，顶端小叶重叠在一起。叶与茎成锐角，较正常直立。靠近地面的叶片明显变小、挺直，而健叶则靠在地面上。随着时间的推移，病株的生长受到限制，由于与邻近健株的互相缠绕，病株变得难以鉴别。重型株系（无斑驳卷缩毒株）引起严重的症状，小叶扭曲，叶面皱缩不平。在某些光照条件下，病株叶表粗糙，与健康叶相比，对光的折射能力要小。

块茎伸长，横断面较圆，某些品种顶端尖。茎端较尖这一特性比块茎伸长还明显。横断面变圆，健康块茎横断面较平是一诊断特性。随着季节的变化，症状变得更明显。皮上锈斑变光滑，红皮变成粉红色，紫皮变成浅薰衣草色。芽眼数量增加，呈"眉状"。坏死斑通常在皮孔周围，通常产生表皮纵向裂缝。某些品种块茎上出现肿瘤，严重畸形。坏死组织可以延伸到块茎薯肉中。来自病株的块茎，有时完全无症状。然而，有时一些健株上的块茎，却很类似于纺锤块茎。因此，通过挑选有病的块茎，试图减少纺锤块茎是无效的。

马铃薯纺锤块茎类病毒病的病原于1922年在美国新泽西州发现,主要分布于南美洲、北美洲的美国(堪萨斯、缅因、马里兰、密歇根、纽约、威斯康星)、加拿大(艾伯塔省、不列颠哥伦比亚省、新不伦瑞克省、安大略、爱德华岛、魁北克)、阿根廷、乌拉圭、巴西、秘鲁、古巴;欧洲的俄罗斯、波兰、匈牙利、荷兰、法国、德国、捷克、斯洛伐克、英国、瑞士、保加利亚部分地区;非洲的南非和尼日利亚;大洋洲澳大利亚(维多利亚州、新南威尔士州);亚洲的土耳其、阿富汗、日本、印度,在我国的云南、福建、内蒙古、山西等地也有分布。

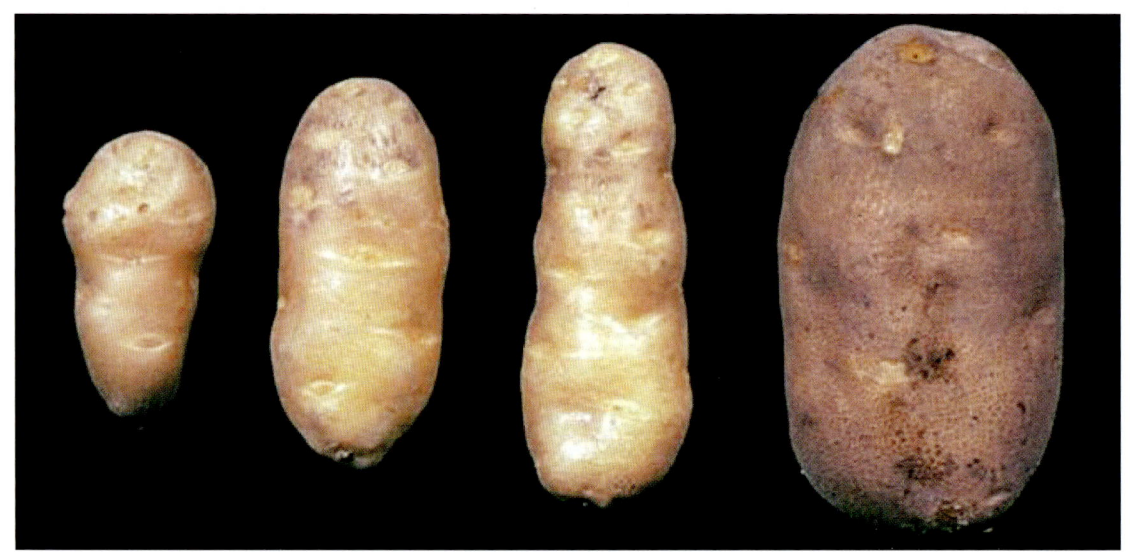

致病薯呈现纺锤状

剪股颖粒线虫

Anguina agrostis(Steinbuch,1799)Filipjev

剪股颖粒线虫隶属于垫刃目(Tylenchida)垫刃亚目(Tylenchina)垫刃总科(Tylenchoidea)粒线虫科(Anguinidae)粒线虫属(*Anguina*)。英文名:Bent grass nematode。

雌虫肥大，体长1.5～6 mm，体表具有细的环纹，两端尖细，常作螺旋状卷曲，唇区低，不缢缩或稍缢缩，口针细弱，约10 μm，基部球明显。中食道球卵圆形，但个别虫种（Anguina cecidoplastes）缺乏发育的中食道球，食道腺肥大耳状或畸形，常稍扩展覆盖肠端。雌虫单卵巢，前端有1～2次四折，卵母细胞呈多行轴状排列，阴门位体后部85%～90%处，有后阴子宫囊，长为肛阴距长的1/2左右。雄虫较小，线形，长1～2 mm，单精巢，前端1～2次弯折，交合刺较宽，抱片包至尾亚末端部，雌雄尾均为圆锥形。二龄幼虫细小，为侵染期幼虫，也有个别虫种（Anguina millefolli）3龄幼虫为侵染期。

幼虫侵染寄主幼苗，进行外寄生，后逐渐向上移动，危害植株地上部分，刺激种子、茎、叶和花形成虫瘿，（大麦受害后一般不产生瘿瘤）致使植株矮化，茎、叶弯曲畸形皱缩，有的虫种可引起植株枯死。幼虫在虫瘿内过冬（夏）。由于虫瘿表皮坚硬，内部水少，幼虫代谢活动降低，处于休眠状态，因而抗逆力较强，干燥情况下可存活数年以上。有的虫种虫瘿在低温-18～-15℃下放置5 h，或用100℃干热处理1 h内部线虫仍可存活。当虫瘿遇到适宜条件，幼虫复苏活动，钻出虫瘿，再度侵染。每年发生一代或一代以上。

花序变形和形成虫瘿

欧洲、北美各国以及澳大利亚、新西兰和亚洲部分国家发生和危害。我国的内蒙古自治区部分地区也有发生。主要危害剪股颖、羊茅草、黑麦草和早熟禾、鸭茅草、梯牧草、黄三毛草等禾本科植物，引起花序变形和形成虫瘿，严重影响牧草产量。虫瘿可抵抗不良环境，在干燥情况下可数年不失去生活力。有些寄主如在澳大利亚的硬直黑麦草（*Lolium rigidum* Gaudich），受害后形成的虫瘿还可传带能够产生毒素的细菌（*Corynebacterium rathayi* Smith），这种细菌毒素以虫瘿厚壁上含量最大，含细菌虫瘿表面多呈黄色，可引起牲畜中毒，甚至致死。另据报道紫羊茅（*Festuca rubra* L.）被害形成的虫瘿对羊、牛也有毒害。控制这种线虫，首先要查清其分布和危害情况，防止扩展蔓延。在俄罗斯的细弱剪股颖种植场，该线虫株侵染率达44%～98%，病株总体生长量仅为健株的14%～33%；在美国俄勒冈州，该线虫的危害曾一度使该州剪股颖的种子产量下降了50%～70%。此外，剪股颖粒线虫是拉氏棒杆菌的介体，与拉氏棒杆菌协同作用，在寄主植物的颖果上形成黄色的菌瘿，该菌瘿对动物有高度的毒性，可导致牛、羊、马等动物的神经紊乱，动物误食后中毒可晕倒，最后抽搐死亡。因此，该线虫对牧场的威胁极大，应加强海关进境草籽产品检疫力度。

苹果蠹蛾 》 *Cydia pomonella* L.

鳞翅目　卷蛾科　小卷蛾属

苹果蠹蛾成虫体长8 mm，翅展15～22 mm，体灰褐色。前翅臀角处有深褐色椭圆形大斑，内有3条青铜色条纹，其间显出4～5条褐色横纹，翅基部颜色为浅灰色，中部颜色最浅，杂有波状纹。后翅黄褐色，前缘成弧形突出。初龄幼虫黄白色，老熟幼虫体长14～18 mm，头黄褐色，体多为淡红色，头部黄褐色。前胸盾片淡黄色，并有褐色斑点，腹足趾钩为单序缺环，臀板色浅，无臀栉。蛹黄褐色，体长7～10 mm，复眼黑色，后足及翅均超过第三腹节而达第四腹节前端，第二至第七腹节背面均有2排刺，前排粗大，后排细小，第八至第十腹节背面仅有1排刺。卵呈椭圆形，长1.1～1.2 mm，宽0.9～1 mm，极扁平，中央部分略隆起，初产时像一极薄的蜡滴，半透明。随着胚胎发育，中央部分呈黄色，并显出1圈断续的红色斑点，后则连成整圈，孵化前能透见幼虫。卵壳表面无显著刻纹，放大100倍以上时，则可见不规则的细微皱纹。蛹的身体呈淡黄褐色，复眼黑色。第二至第七腹节背面各节的前后，均有一排整齐的刺。前排粗大，后排细小。第八至第十腹节背面仅有一排刺，第十节的刺为7～8根。雌蛹生殖腔在腹面第八节，而雄蛹在第九节。

苹果蠹蛾成虫（展翅）

苹果蠹蛾成虫（侧面）

在果实上苹果蠹蛾成虫与幼虫

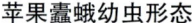

苹果蠹蛾幼虫形态

苹果蠹蛾为害苹果

  苹果蠹蛾原产于欧亚大陆南部地区，目前已扩散至全球除南极洲外的六大洲的70个国家。在20世纪50年代前后经由中亚地区进入我国新疆，目前在我国天津、河北、内蒙古、辽宁、吉林、黑龙江、甘肃等9个省份有分布。内蒙古呼和浩特市、包头市、乌海市、鄂尔多斯市、巴彦淖尔市有分布，锡林郭勒盟目前未发现，但存在侵入风险。

  苹果蠹蛾主要以幼虫钻蛀果实内部取食危害，寄主包括苹果、梨等仁果类，以及杏、李、桃、油桃和樱桃等核果类水果。早期蛀入能使幼果脱落，幼虫蛀入后深达果心，食害种子，随虫龄增长，蛀孔不断扩大，虫粪排至果外并成串挂至果上，被害果实无法食用并极易落果，造成品质下降。2010年1月7日被环境保护部列入《中国第二批外来入侵物种名单》，2020年9月15日被农业农村部列入《一类农作物病虫害名录》，2023年1月被列入《重点管理外来入侵物种名录》。

农技人员悬挂苹果蠹蛾诱捕器(锡林浩特市)

草地贪夜蛾

鳞翅目　夜蛾科　灰翅夜蛾属

Spodoptera frugiperda（J. E. Smith）

　　草地贪夜蛾成虫为灰棕色，翅展宽32～40 mm，其中前翅为棕灰色，后翅为白色。雄虫前翅有较多花纹与一个明显的白点，雌虫前翅没有明显的标记，从均匀的灰褐色到灰色和棕色的细微斑点，后翅是具有彩虹的银白色。卵为圆顶状半球形，直径约为4 mm。初卵呈绿灰色，12 h后转为棕色，孵化前则接近黑色。幼虫头部有一倒"Y"形的白色缝线。末龄幼虫在迁移期几乎为黑色。老熟幼虫体长35～40 mm，在头部具黄色倒"Y"形斑。幼虫于土壤深处化蛹，深度为2～8 cm。蛹期为7～37天，也受温度影响。形状为椭圆形或卵形，颜色为红棕色，有光泽，长度为14～18 mm。

草地贪夜蛾成虫（左侧雌虫，右侧雄虫）

草地贪夜蛾分布于美洲热带、亚热带地区。是一种杂食性害虫，寄主植物特别广泛，取食最多的是玉米、棉花、高粱、水稻，还包括苜蓿、大麦、荞麦、燕麦、粟、花生、黑麦草、甜菜、苏丹草、大豆、烟草、番茄、马铃薯、洋葱、小麦等。在28℃条件下，雌蛾每次可产卵100～200粒，一生可产卵900～1 000粒。在热带地区长年繁殖，温带地区随纬度升高世代数递减。若一头雌蛾及其后代一年中所产的卵全部成活并长成成虫的话，其数量可达数百亿头。2019年1月被发现入侵我国云南西南部，目前已侵入我国西南、华南、华中、西北、华北地区的26省。由于内蒙古冬季寒冷，草地贪夜蛾无法自然越冬，只在个别地区偶然诱捕到极少数的成虫，还未产生危害，但还需加强识别。

草地贪夜蛾不同虫龄的幼虫

草地贪夜蛾的蛹

草地贪夜蛾是联合国粮食及农业组织全球预警的重大农业害虫。2020年9月被列入《一类农作物病虫害名录》，2023年1月被列入《重点管理外来入侵物种名录》。

草地贪夜蛾幼虫为害玉米

草地贪夜蛾为害严重的玉米

桃条麦蛾 *Anarsia lineatella* Zeller

桃条麦蛾别名桃枝麦蛾、桃梢蛀虫、桃果蛀虫，属于鳞翅目（Lepidoptera）麦蛾科（Gelechiidae）。

桃条麦蛾是桃和杏的一种重要害虫。第一代幼虫主要危害新梢和花，而下一代幼虫主要取食果实。这2种危害都可导致重大的经济损失。国外分布于欧洲、地中海、北美洲等地，我国分布于华北、西北等地。在黎巴嫩，由于各种原因，桃条麦蛾不取食扁桃的果仁，故对扁桃的危害并不严重。在美国加利福尼亚，幼虫取食新叶和新枝及在果实上危害，由此可对扁桃产生直接危害。

成虫：体长5.5~7 mm，翅展12~15 mm。身体背面灰黑色，腹面灰白色。头部具褐色鳞片。触角基部周围至头顶有灰白色毛簇。触角丝状，长度约达展翅的2/3。下唇须伸出于头的上前方。雄蛾下唇须第二节膨大，下方具毛丛，第三节隐藏于第二节的鳞毛中；雌蛾下唇须第一、二节略小，第三节细长而突出头顶，明显可见。前翅披针形，加缘毛则

呈浆形，灰黑色，前缘中间有长条形黑褐斑，中室处有纺锤形黑褐斑，此外还有黑褐及灰白色不规则的条纹。后翅灰色，后缘及外缘具长缘毛，基部尤长。后足胜节具长的灰白色毛。卵：椭圆形，长0.5 mm，宽0.3 mm。初产时白色，后为淡黄色，孵化前为灰紫色。卵表面有皱纹。幼虫：初孵化幼虫体长0.7～0.8 mm，白色，经2～3 h变为暗红褐色，头、前胸背板和胸足深褐色。老熟幼虫体长10～12 mm，头宽0.8～1 mm，头、前胸背板和胸足黑褐色，肛上板褐色，臀部污白色。腹足趾钩全环，双序占3/4，单序占1/4，臀足趾钩双序缺环。蛹：体长5.5～7 mm，胸宽1.4～1.9 mm。褐黄色，体表布满绒毛，臀棘24根，呈小钩状。

美国白蛾

Hyphantria cunea Drury

美国白蛾属鳞翅目（Lepidoptera）灯蛾科（Arctiidea）白蛾属（*Hyphantria*），别名网幕毛虫或秋幕毛虫。

美国白蛾是灯蛾科，白蛾属蛾类，为白色蛾子，雌蛾体长9～15 mm，翅展30～42 mm；雄蛾体长9～13 mm，翅展25～36 mm。卵圆球形，直径0.5～0.53 mm。初孵幼虫一般为黄色或淡褐色。雄蛹瘦小，背中央有一条纵脊，雌蛹较肥大。腹部末端有排列不整齐的臀棘10～15根，臀棘末端膨大呈喇叭口状。

美国白蛾成虫具有趋光、趋味、喜食这3个特性。它们对气味较为敏感，特别是对腥、香、臭味最敏感。一般出现在卫生条件较差的厕所、畜舍、臭水坑等周围树木上，极易发生疫情。2003年已被国家环保总局列入中国首批16种外来入侵物种名单。

美国白蛾原产自北美洲美国境内，1922年在加拿大首次发现美国白蛾，而后墨西哥出现了美国白蛾身影。等到了20世纪40年代，美国白蛾先后"攻占"了欧洲、亚洲，因为这一时期美国经济繁荣，向全球各地输送大量货物，白蛾及其幼卵就藏匿其中。1961年美国白蛾进入朝鲜。我国第一次出现美国白蛾最早要追溯到1979年，研究人员调查农作物虫害时发现的，极有可能通过中朝边境传到辽宁省丹东地区，并以此为起点向全国蔓延，现在我国13省份607个县出现白蛾。

美国白蛾食性杂且吃得多。既能吃大多数阔叶树，也能吃花卉、蔬菜、农作物、杂草等绿植。研究发现美国白蛾在我国的寄生植物多达175种，其中白麻、山胡桃、大红槭、红橡木、法国梧桐等30多种树木深受白蛾喜欢，而这些都是常见树种。通过绿植、木材、板材等货物输送到其他区域，河北省、辽宁省等毗邻省份、内蒙古通辽市科尔沁左翼后旗、科尔沁左翼中旗被国家林业和草原局列入美国白蛾疫区，锡林郭勒盟极易引入，应加强防控。

美国白蛾雌虫与雄虫

美国白蛾幼虫与成虫